U0217917

模具设计师成才系列

注塑模具设计基础
（第2版）

梁国栋　王　静　主　编

陈胜利　陈绍军　陈学文　副主编

电子工业出版社

Publishing House of Electronics Industry

北京•BEIJING

内 容 简 介

本书是"模具设计师成才系列"中的一本，重点介绍注塑模具设计的知识、方法和技巧，内容直接服务于具体设计。本书的最大特色是精讲理论、偏重实战，有别于传统模具设计教材。学生学完本书后，将对模具设计 2D 排位不再陌生。本书循序渐进地详细介绍注塑模具设计的细节及具体操作方法，内容包括注塑成型、模架结构、分型面设计、浇注系统设计、顶出系统设计、侧抽芯系统设计、冷却系统设计、三板模设计等，最后以模具设计实例来做总结，所讲内容翔实可靠、简明易懂。

本书不仅可作为高等院校机械类、材料工程类等专业的教材，而且可作为模具设计爱好者和初学者的自学用书，还可供国家模具设计师考证人员学习参考。

图书在版编目（CIP）数据

注塑模具设计基础 / 梁国栋，王静主编. —2 版. —北京：电子工业出版社，2022.2
（模具设计师成才系列）

ISBN 978-7-121-42801-2

Ⅰ．①注… Ⅱ．①梁… ②王… Ⅲ．①注塑－塑料模具－设计 Ⅳ．①TQ320.66

中国版本图书馆 CIP 数据核字（2022）第 018382 号

责任编辑：许存权　　　　特约编辑：田学清
印　　刷：北京天宇星印刷厂
装　　订：北京天宇星印刷厂
出版发行：电子工业出版社
　　　　　北京市海淀区万寿路 173 信箱　　　　邮编：100036
开　　本：787×1092　　1/16　　印张：14.75　　字数：378 千字
版　　次：2013 年 1 月第 1 版
　　　　　2022 年 2 月第 2 版
印　　次：2024 年 11 月第 5 次印刷
定　　价：59.00 元

模具设计师学习流程图

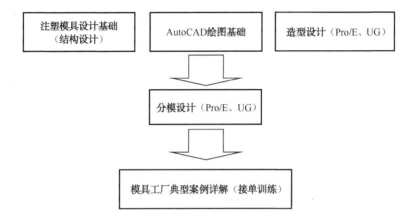

再 版 前 言

本书是"模具设计师成才系列"中的一本，专门讲解注塑模具设计基础理论与方法。学生掌握了本书内容，可以为学习后续课程打下良好基础。

学习本书的最低知识要求如下。

- 懂机械制图。因为本书中有些图例，不懂机械制图会看不懂。
- 了解必要的机加工知识。模具加工属于机加工，设计方法取自工程实践，对机加工操作不熟悉，将难以理解本书中所介绍的概念与方法，所以对车、铣、磨、电火花线切割、数控铣等基本操作要有所了解。

在长期的教学和工程实践中，我们曾用过不少版本的模具设计教材，在受益于这些经典传统教材的同时，也深深为传统模具设计教材中出现的一些不足之处感到遗憾。

未来承担模具设计工作的大多是本科、专科学生，也有不少是中专学生，他们面临的问题就是实实在在的模具设计问题。一些传统模具设计教材太偏重理论性、学术性，而不重视实战操作，设计方法也没有具体化，这使得学生在学过之后"一头雾水"，在做设计时不知从何处下手。理论探讨固然有益，然而如果过多、过滥，把一些研究生也未必能厘清的内容教给这些学生，未免有些不切实际。

另外，如今模具设计早已采用计算机辅助设计的方式，模具 CAD/CAE/CAM 技术在业界的使用已经很普遍，使用软件自动化分模已是每个模具设计师的必修技能，手工画图的方式已经是很遥远的事情了。因此，模具设计教材必须跟上模具技术的发展步伐，必须反映现代模具的生产情况，如果抱残守缺，沿袭惯有思维，必将落后于工程实际。

有感于此，编者在自己多年模具厂实际设计经验的基础上，参阅和借鉴了大量模具设计图纸和资料，并根据长期的模具教学实践，按照科学的学习顺序，对各章内容做了精心的安排，编写了这本模具设计的入门书籍，以求抛砖引玉，促进模具设计教学的发展。

本书具有以下几个特点。

- 从零开始，循序渐进。

本书是一本模具设计的入门书籍，力求使具备基础条件的学生都能理解。本书从塑料制品开始讲起，按模具设计的顺序，一步一步地细心讲解具体的设计方法。

- 图文并茂，简明扼要。

本书一大特色是配有大量的图片，并以简明的语言来叙述设计要点，对过深、过理论化的内容不予探讨，一改传统教科书式长篇大论的叙述风格。

- 贴近实战，操作性强。

本书的设计方法与技巧均是实际模具设计过程中所采用的，在编写过程中参考了诸多技术资料和图纸，具有很强的实用性。本书编写讲求实战，目的是使学生学完之后就能够动手设计，能够打破学生空谈理论、不会设计的尴尬局面。

本书不仅可作为高等院校机械类、材料工程类等专业的教材，而且可作为模具设计爱好者和初学者的自学用书，还可供国家模具设计师考证人员学习参考。

本书在编写过程中引用了一些同类图书的插图、实例和表述，在第 1 版的基础上进行改进，并在认知水平上对所引用的内容进行了修改或补充，在此对相关作者深表感谢。我们希望给读者奉献一本好书，尽管小心谨慎、反复检查，但由于水平有限，疏漏和不足之处在所难免，请各位读者和同仁海涵并不吝赐教。我们的电子邮箱：50331624@qq.com。

编者

目　　录

第1章 概　述

1.1　引言

我们在日常工作和生活中，经常会碰到各种塑料制品，它们形态不一、五颜六色、功能多样，在不同环境中使用，能够满足人们的各种需求，如图 1-1 所示。实际上除用作生活日用品之外，塑料制品在农业生产、仪器仪表、医疗器械、食品工业、建筑器材、汽车工业、航空航天、国防工业等众多领域都得到了极为普遍的应用。

图 1-1　塑料制品

在农业生产领域，大量塑料被用来制造地膜、育秧薄膜、大棚膜、排灌管道、渔网和浮标等；在机械工业领域，传动齿轮、轴承、轴瓦及许多零部件都可以用塑料制品来代替金属制品；在化学工业领域，可以用塑料来制造管道、容器等防腐设备；在建筑领域，门窗、楼梯扶手、地板砖、天花板、卫生洁具等都可以采用塑料制品；在国防工业和尖端技术领域，常规武器、飞机、舰艇、火箭、导弹、人造卫星、宇宙飞船等都有以塑料为材料的零件；在生活日用品方面，塑料制品更是不胜枚举。

那么所有这些塑料制品是通过什么制造出来的呢？

初学者在开始学习"注塑模具设计基础"这门课程之前，都会不由自主地提到这个问题。其实在我们的生活中就有很多模具。

例如，在集贸市场或蛋糕店，经常会看到有人做小蛋糕。原料有水、鸡蛋、面粉等，把这些东西搅拌混合，然后倒入一个金属盒子，合上盖子，加热一会，打开盖子，香喷喷的小蛋糕就做成了，这个金属盒子就被称为模具。

夏天我们经常冻一些冰块或冰糕解暑，冰箱里通常会配有一个塑料盒子，把水倒入，冷冻一段时间，就可以把冰块取出来，这个塑料盒子也称为模具。

稍微留意一下我们经常使用的订书机，排列整齐的订书钉受压，在订书机底板凹槽内折弯，就可以把纸张装订锁紧，这个凹槽也可称为模具。

……

模具是什么呢？模具是用来大批量成型制品的一种工艺装备，它主要通过改变成型材料的物理状态或对坯料施加压力获得具有一定尺寸、形状、性能的制品。

正是由于模具的存在，大批量地复制、生产商品才成为可能，模具的使用极大地提高了生产率，满足了现代社会对商品的巨大需求。

汽车行业需要大量的模具，从汽车的心脏——发电机的缸体压铸到汽车车身冲压，从新材料超强钢板热压成型到汽车核心零部件的国产化，都离不开模具，可以说模具是汽车装备中的重要组成部分。例如，开发一个新轿车车型就需要 1000 多套模具。中国研制的第一辆"东风"轿车是中国第一汽车制造厂的工人历时一年多手工研制出来的。而如今一汽集团一天的产量就可以达到几百辆，通过模具几秒之内就可以生产出一个零件，从而使成本迅速下降，使普通民众也能够买得起汽车。如果没有模具工业强有力的支撑，汽车进入中国千万家庭的梦想是不可能实现的。这巨大的差异，就是我国模具工业的技术水平突飞猛进历程的真实反映。

模具号称工业之母，模具工业的技术水平几乎代表了加工制造业的最高水平。因此，世界各国均非常重视模具，大力发展模具工业。通常一个国家模具工业的技术越先进，其整个工业水平也就越高。模具工业技术水平的高低已经成为衡量一个国家制造业水平高低的重要标志。我国要实现制造强国的梦想，模具必须先行。

1.2　模具的分类

因为各种产品的材质、外观、规格及用途不同，所以对应的模具也就不同。模具有很多种分类方法，按不同的方法分类，同一种模具所属类型可能不一样。为便于学生理解，本节按产值比重来对模具进行分类，可分为塑料模具、冲压模具、压铸模具、锻造模具和其他模具。

1. 塑料模具

塑料模具（见图 1-2）用于塑料件成型，将颗粒状塑料原料加热后，由注射设备将熔融材料喷射入模具型腔成型，待产品冷却后再开模，由顶出装置将其顶出。塑料模具根据工艺不同，又分为注塑模具、中空吹塑模具、压塑模具等，其中注塑模具以其产品最广泛、结构最复杂在塑料模具中占据着重要地位，发展极为迅速。所以有一种说法，一提模具，指的就是塑料模具；一提塑料模具，指的就是注塑模具。注塑模具是塑料模具中应用最为广泛的一类模具。

2. 冲压模具

冲压模具（见图 1-3）也称五金模具、冷冲模具。冲压是在室温下，利用安装在压力机上的模具对材料施加压力，使其产生分离或塑性变形，从而获得所需零件的一种压力加工方法。冲压产品很广泛，全世界的钢材中有 60%～70%是板材，其中大部分是经过冲压制成成品的。汽车的车身、底盘、油箱、散热器片，锅炉的汽包，容器的壳体，电器的铁芯硅钢片等都是冲压成型的。在仪器仪表、家用电器、自行车、办公机械、生活器皿等产品中，也有大量冲压件。

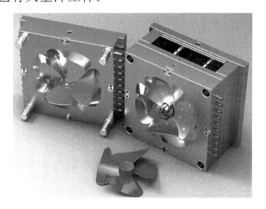

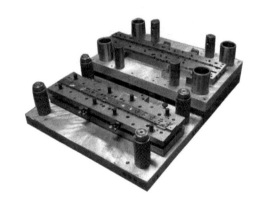

图 1-2　塑料模具　　　　　　　　　　　　　图 1-3　冲压模具

3. 压铸模具

压铸是一种利用高压强制将金属熔液压入形状复杂的金属模具内的一种精密铸造法，待产品冷却凝固后再开模将其顶出。压铸模具（见图 1-4）与注塑模具成型原理类似，但两者还是有很多区别的。例如，压铸模具适用于黑色金属及有色金属的精确成型，注塑模具适用于塑料件的成型；二者的使用温度有很大差别，模具选材也完全不同；从结构上讲，前者相对简单一些，后者要复杂得多。

4. 锻造模具

锻造是指将金属坯料置于锻造模具内，利用锻压或锤击方式，使置于其中的胚料按设计的形状来成型。锻造模具如图 1-5 所示。

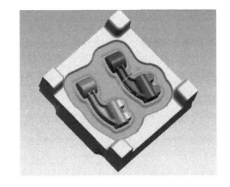

图 1-4　压铸模具　　　　　　　　　　　　　　　图 1-5　锻造模具

5. 其他模具

除前面介绍的几种模具之外，还有以玻璃、陶瓷等为成型材料的模具，如图 1-6 所示。

（a）红酒瓶玻璃模具　　　　　　　　　　　　　（b）陶瓷模具

图 1-6　其他模具

以上对模具做了简单的分类，随着材料科学的不断发展及模具技术的日新月异，当今世界上不断有新式模具在各领域诞生。此远非本书所能尽述，还望学生能够在实践中不断学习，与时俱进。

1.3　模具设计概述

模具工业是技术密集型产业，人才是行业发展的关键。随着我国模具工业的蓬勃发展，相关技术人才需求量日益增多。企业十分渴求专业技能扎实的技术人才，主要包括模具设计与制造、工艺编制技术人员，专业技术工人（高级蓝领），高级模具钳工、模具维修调试人员，以及加工中心编程、操作、维修人员。

模具技术人才主要来源于高校各相关模具专业，所以高校是输送模具技术人才的重要基地。掌握模具设计技术，是对每个模具专业学生的基本要求。然而事实表明，有不少学生在毕业时没有达到这种要求，直接表现为工作后无法胜任岗位技术工作。

在这里我们不再探究具体原因，仅从学习的角度来说，没有压力就没有动力，不深入实践就无法切身体验该学习哪些知识。可是有些学生由于环境的制约，确实无法身临其境地实践学习，所以对模具设计到底该怎样学、学些什么很迷茫。

为帮助学生更好地理解本书内容，我们在谈怎样学好模具设计之前，先简单介绍一下实际加工现场的模具生产流程，使学生对模具生产所涉及的各个环节有所了解，这样才能更好地指导学生学习。

1.3.1　模具生产流程

目前，对于一个模具公司（厂）来说，从接到订单开始，直至将模具交付客户，大致流程如图 1-7 所示。

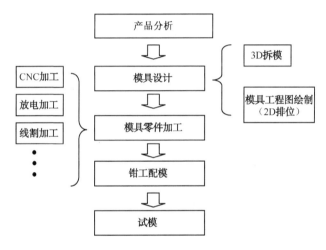

图 1-7　模具生产流程图

需要说明的是，图 1-7 只是模具生产的大致流程，根据不同加工现场的情况不同，模具生产流程可能略有不同。正规大厂实力雄厚、设备先进，分工会更细，而小厂、小作坊分工则不会很细，如只负责设计、配模，至于自己无法搞定的加工业务则可能会委托给外协单位负责，但大致都差不多，基本上就是这个流程。

下面对每个环节一一进行介绍。

1.　产品分析

模具厂接单通常有几种情况：一是客户提供图纸，不提供产品实物，这个图纸可能是二维（2D）图档，也可能是三维（3D）图档（3D 数据文件），或者 2D 和 3D 图档都有；二是客户提供产品实物，不提供图纸；三是客户既提供图纸又提供产品实物。

无论何种情况，一旦接单，就由模具厂来负责制作模具，设计任务就下发到设计人员那里。

设计人员在进行模具设计之前，首先要进行产品分析，即仔细研究产品，根据自身加工现场的实际情况，看看需要做成什么结构的模具才合适。模具既要能够加工出来，又要保证质量，还要考虑生产成本。所以模具设计有些时候并不单纯是一个技术问题，往往需要和客户及主管充分交换意见方能对模具结构最终定型。

产品分析的主要内容包括产品肉厚分析、产品拔模分析、产品倒扣分析、产品需要出几腔、如何进胶、产品的分型面分析、模具成型机构分析、注塑成型仿真分析等。分析结果最终以开模检讨报告的形式呈现给客户。如果发现问题，则要及时跟客户沟通，对问题点进行研讨与改进，以最合理的方案进行模具设计，保证后期的注塑成型能生产出合格产品。

2. 模具设计

产品分析完成后，就开始进行模具设计，即根据产品的不同结构特点，使用相关软件设计出对应结构的模具。在当今现代化的加工条件下，模具设计具体指的是 3D 分模及 2D 排位，这是模具设计师的主要工作。

1）3D 分模

分模也称拆模，是指运用模具设计软件根据产品模型，把模具（毛坯）分开，从而得到组成模具型腔的零件（定、动模）。具体来说就是将产品的 3D 模型放缩水后，利用 3D 软件（如 Pro/E、UG 等）将产品拆分为定/动模仁、斜顶、滑块、镶件等，如图 1-8 所示。3D 分模是整个模具设计过程中的核心工作。只有经过分模，才能将模具里面成型产品的动/定模仁等相关零件设计出来，才能为后续的零件加工提供数据文件。

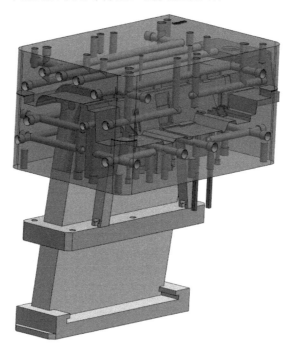

图 1-8　3D 分模图

3D 分模并不仅指软件操作。如果简单地认为掌握了 3D 分模就掌握了模具设计，那就错了。在很久以前，产品都很简单，计算机的使用也不普及，通过人工计算和普通机床就可以把模具做出来。但是随着对产品的要求不断提高，产品的结构日趋复杂，通过人工计算和普通机床已经无法把模具做出来了。例如，产品的各种复杂曲面部分已经无法通过人工计算和机床摇数加工做出来，必须借助数控加工才能够做出来。然而，采用数控加工，就要编制刀路程序，而要编制刀路程序，首先必须要有零件模型。这个零件模型就是组成模具的 3D 零件，它就是通过计算机自动分模产生的。因此，对于当今模具加工来说，没有 3D 分模，设计加工模具简直是无法想象的。

虽说 3D 分模是借助软件自动完成的，但是软件不是万能的，它是不知道这里要做什么结构，那里要做什么结构的。软件的作用仅是取代人脑进行数学计算，简化程序而已。设计人员必须懂得模具结构设计知识，然后才能借助软件来进行操作，表达设计思路。不懂模具结构设计知识而去分模，分出的零件能不能加工、结构合理不合理都是不确定的。

时至今日，模具 CAD/CAE/CAM 技术的应用已经在大大小小的模具厂得到了普及，设计模具零件已经不需要大量的手工计算了，完全可以借助软件（如 Pro/E、UG 等）来设计。在校的学生必须认识到这一点，努力掌握好这项技能，才能适应企业的需求，切莫做空头的模具设计理论家。

2）2D 排位

2D 装配图主要是指绘制的模具组立图，如图 1-9 所示，当然这里也包括绘制的零件图、线割加工图、放电加工图等。图纸对模具加工非常重要，即使在数字化加工的条件下，对于多数加工企业来说依然需要图纸。一般情况下设计人员在完成 3D 拆模后，就要绘制 2D 装配图并进行 2D 排位，以供加工车间各工序的加工师傅使用。绘制清晰、完整、准确的 2D 装配图是十分有必要的。

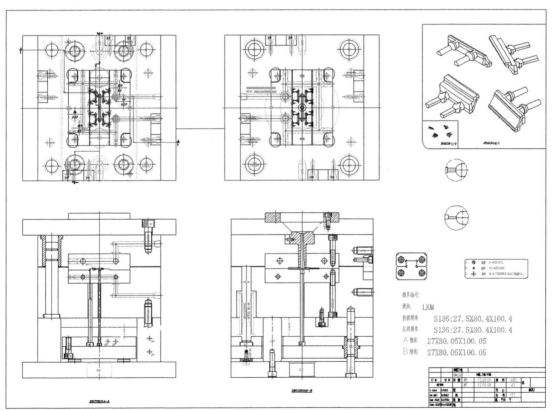

图 1-9 2D 装配图

2D 排位与 3D 分模一样，专业性很强，并不是会用 AutoCAD 绘图，就能进行 2D 排位。只有懂模具结构设计知识，并且能熟练使用模具设计软件，才能够做好 2D 排位。在具体排位时，有许多细节和画法是表达模具结构所特有的，需要不断实践才能掌握。

3. 模具零件加工

模具零件加工是指根据设计图纸将各个模具零件加工出来。模具零件加工方法大致分为两种：一种是普通加工，包括普通车、铣、磨、钻等；另一种是特种加工，包括 CNC 加工、放电加工、电火花线切割加工等。具体采用何种加工方法，要根据待加工零件的特点、生产成本、交货期、精度要求等来确定，并非采用越精密的设备越好。在普通的模具企业中，通常情况下车间里两种加工设备都有。

1）普通加工

普通加工包括普通车、铣、磨、钻等，模具加工企业一般来说都离不开普通加工。对于一些简单的零件，采用普通加工方法加工起来快速、方便。常见加工机床如表 1-1 所示。

表 1-1　常见加工机床

机床及其名称	说　明
 铣　床	铣床的加工范围很广，模具厂一般都必备，常用于各种面、槽加工，模板开粗及精光加工。普通铣床的常用刀具分为四大类：立式铣刀、飞刀、镗刀和钻咀。立式铣刀按形状可分为平底铣刀、球头铣刀、R 角铣刀。对于零件上的一些直角部位，铣床是加工不到的
 钻　床	钻床是一种体积小巧、操作简便的小型孔加工机床。台式钻床钻孔直径一般在 13mm 以下，最大为 16mm，常用来加工要求不太高、公差允许很大的孔，其精度虽不高，但加工速度快，操作简单，非常易学

机床及其名称	说 明
 摇臂钻床	摇臂钻床是钻床的一个分支，因横臂可以绕立柱旋转而得名，常用来加工模具的冷却水道、吊环孔等
车 床	车床是模具厂最常用、最普通的一种加工设备，其加工范围是所有回转体零件，常用来加工模具中的圆形镶件、撑头、定位环等零件
大水磨床	大水磨床是模具加工的必备设备，常用于较大尺寸的模具零件精加工，如模板、滑块、锁紧块的基准面等的加工。大水磨床用专门的冷却液来降温
小平磨床	小平磨床也是常用的模具加工设备，主要用来加工小尺寸的模具零件，其工作原理与大水磨床一样

2）CNC 加工

传统的机械加工都是手工操作普通机床作业的，加工时用手摇动机械刀具切削金属，用卡尺等工具测量产品精度，时至今日这种普通的加工方式仍然在模具加工现场发挥着重要作用。随着计算机技术的飞速发展，如今的模具加工现场已使用计算机控制机床进行作业。数控机床可以按照技术人员事先编好的程序自动对产品和零部件进行加工，这就是我们所说的CNC 加工。CNC 是英文 Computerized Numerical Control（计算机数字化控制）的缩写，CNC加工包括数控铣加工、数控车加工、数控电火花加工等。只不过，对模具加工来说，CNC 加工普遍是指数控铣加工，如数控加工中心加工等，如图 1-10 所示。

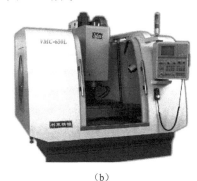

（a）　　　　　　　　　　　　　　　　　（b）

图 1-10　数控加工中心加工

3）放电加工

这里的放电加工指的是电火花加工，如图 1-11 所示。放电加工利用浸在工作液中的两电极间的脉冲放电来蚀除导电材料，英文简称为 EDM。放电加工是模具加工中很典型的一种加工方法，特别适用于加工用普通切削加工方法难以切削的材料和形状复杂的工件。放电加工主要用于加工具有复杂形状的型孔和型腔的模具和零件；加工各种硬、脆材料，如硬质合金和淬火钢等；加工深细孔、异形孔、深槽、窄缝和切割薄片等。

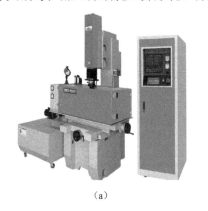

（a）　　　　　　　　　　　　　　　　　（b）

图 1-11　放电加工

4）电火花线切割加工

电火花线切割加工（WEDM），有时简称线割加工，其基本工作原理是利用连续移动的细金属丝（称为电极丝）作为电极，对工件进行脉冲火花放电切割成型。

　　线割加工主要用于加工各种形状复杂和精密细小的工件，各种微细孔槽、窄缝，以及任意曲线等。线割机床及工件如图 1-12 所示。线割机床具有加工余量小、加工精度高、生产周期短、制造成本低等突出优点，在模具加工生产中得到了广泛应用，一般模具车间必备此类加工设备。

（a）

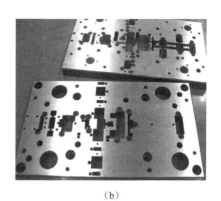
（b）

图 1-12　线割机床及工件

4. 钳工配模

　　模具零件全部加工完毕后，就要由钳工来装配模具，即配模，如图 1-13 所示。由于所有的机床加工都有误差，模具零件加工完后不一定正好能装配成功，因此需要非常耐心、细心地去配模。钳工丰富的配模经验在这时显得无比重要，一个操作熟练的模具钳工堪比模具设计师。

5. 试模

　　钳工配模完毕后，在将模具交付客户之前必须试模，即将模具装在注塑机上打一些塑件，以检验模具是否存在问题，如图 1-14 所示。如果出现问题，则要仔细分析原因。通常来说，试模过程中会出现各种各样的问题，集中反映在产品质量上。究其原因，可能是模具设计存在问题，或者成型工艺存在问题，也可能是装配过程中出现问题等。只有试制出合格的产品，客户看后满意，此套模具才算合格。

图 1-13　钳工配模　　　　　　　　　　　　图 1-14　试模

1.3.2　学好模具设计的基本要求

前面介绍了模具生产流程，从中可以看出模具设计是模具生产企业中一个重要的技术岗位，要想成为一名合格的模具设计师，需要具备哪些基本条件呢？

1. 基础理论

基础理论包括机械制图、模具结构设计、塑料、注塑成型等方面的知识。

不懂机械制图，就无法看懂模具工程图，无法了解零件结构，无法和别人交流技术，所以模具设计师必须懂机械制图知识；模具结构设计知识很重要，模具设计师需要了解各种典型的模具结构，这是很专业的知识，只有弄懂这些知识后才能看懂各种复杂产品的结构；模具是为注塑成型生产服务的，模具设计师如果不懂注塑成型原理，不了解产品成型过程中可能出现的质量问题，那么其模具设计水平也不会有多高。

2. 设计软件

如今模具设计及制造均采用数字化的方法进行，都是在计算机中完成的。因此，模具设计师必须熟练掌握相关的设计软件，如 3D 设计软件 Pro/E、UG、SolidWorks 等，2D 设计软件 AutoCAD 等，要会利用这些软件进行模具设计，具体来说就是要会造型、分模，能够熟练使用 AutoCAD 绘制模具工程图。

3. 勇于实践，多看多练

空头的模具设计理论家谁都会做，但要想真正具备设计能力，必须经过实践的锻炼。没有人天生就是设计师，每个设计师都要经历由不懂到懂，由懂得很少到懂得很多这样一个过程。就算是那些优秀的模具设计师，也依然能够清晰地记得自己设计的模具第一次付诸加工时的心情——激动、紧张与兴奋。盼望它试模成功，因为这将检验自己的真正水平。模具设计技术本身就是一门工程技术，来源于工程实践，必将在工程实践中不断得到发展，新手只有反复地实践，才能逐步掌握模具设计技术，做设计才能更加得心应手。

许多初学模具设计的人害怕下车间，不愿意到加工现场，嫌那些地方枯燥、无趣，可事实上只有熟悉加工工艺，了解车间各机床的加工情况，才能合理地设计模具，否则设计出的模具有可能根本就无法加工出来。

4. 切勿浮躁，勤奋谦虚

最后要说态度问题，从事模具设计这一行要有一种不怕吃苦、踏实努力、谦虚谨慎的工作态度，切勿浮躁。

"水滴石穿，积水成渊"的道理大家都懂，"三天打渔，两天晒网"的寓意大家也都明白。它们都说明了一个道理：一件事情的成功，需要踏踏实实、坚持努力的态度。

眼下有不少青年学子在初入模具设计这一行时热情很高，认为这是技术活，薪酬也不错。可他们刚毕业，没有设计经验，怎么能马上做设计呢，于是被安排下车间锻炼，车间工作又苦又累，还很枯燥，工资也不高，他们的热情极容易受挫，往往干不长就萌生跳槽之念。这并非好事，须知科班毕业，拿到大学文凭，只能表明你学过模具设计，而不代表你就能做好模具设计。下车间了解加工工艺、配模工艺、成型工艺等，与车间师傅尽早交流沟通，对于设计模具大有裨益，即使将来从事管理工作，也能得心应手。从加工一线走出来的模具设计师往往底气十足，经验十足，更具有竞争力，也是模具管理人才的首选。有时候老板安排你下车间是在锻炼你，也是在磨炼你，让你更有能力担当大任。

所谓"人往高处走，水往低处流"，这固然没错，但如果这山望着那山高，感情用事，没有远见地频繁跳槽，于己是不利的，毕竟青春易逝，几年时间很容易伴随着频繁跳槽浪费掉。

事实上，只要你具备乐观向上、勤奋踏实、谦虚好学的品行，即使不从事模具设计这一行，也肯定会在其他事业方面有所成就。

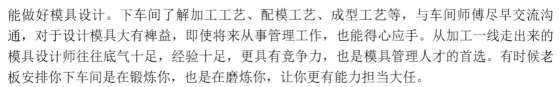

1．简述模具生产的大致流程。

2．模具设计的主要工作包括哪些？什么叫作 2D 排位？什么叫作 3D 分模？

3．模具有哪些种类？

第2章 注塑成型

从第 1 章了解到，只有具备了模具才能够生产出产品，那么这个成型过程是怎样的呢？说起来很简单：将塑料熔化，然后"灌入"模具型腔，待塑料凝固之后打开模具，便得到了产品。

这个原理确实很简单，但实际运作起来却需要一系列的设备和工艺条件，这个过程被称为注塑成型。

在工程中也把注塑成型称为"打产品"，一般来说，做模具和打产品都由独立的公司来完成，即模具公司（厂）做好模具之后，拉到塑胶公司（厂）或有注塑机的现场，由它们负责注塑出所需的产品。但也有不少公司不仅具备模具设计和制造能力，还具备注塑成型加工能力。

注塑成型是一个独立的专业，其涉及的诸多内容远非本章所能讲述完。对于初学模具设计的学生来说，了解一些注塑成型方面的知识是非常有必要的。

本章将重点介绍四个方面的内容：塑料、注塑机、注塑成型过程和注塑成型工艺条件。

2.1 塑料

塑料颗粒如图 2-1 所示。塑料的特点：塑料的东西比较轻，放到水里会浮起来，当点着塑料糖纸或塑料包装纸后，它会燃烧并且熔化滴落，不大一会儿又会凝固，有时也会冒黑烟，并且发出刺鼻的气味……

图 2-1 塑料颗粒

在日常生活中塑料确实给我们留下这些印象，但从模具设计的角度来讲，还需要更多地了解塑料本身的特点及其成型特性。例如，我们还需要明白塑料的类型、缩水特性、流动性等。只有了解这些才能够更好地指导模具设计。

2.1.1 塑料简介

塑料是指以树脂为主要成分，以增塑剂、填充剂、润滑剂、着色剂等添加剂为辅助成分，在加工过程中能流动成型的材料。

树脂通常是指受热后有软化或熔融范围，软化时在外力作用下有流动倾向，常温下是固态、半固态，有时也可以是液态的有机聚合物。

树脂有天然树脂和合成树脂之分。天然树脂是指由自然界中动植物分泌物所得的无定形有机物质，如松香、琥珀、虫胶等。合成树脂是指由简单有机物经化学合成或由某些天然产物经化学反应得到的树脂产物。

添加剂是指分散在塑料分子结构中，不会严重影响塑料的分子结构，而能改善其性质或降低成本的化学物质。添加剂的加入，能改进基材的加工性、物理性、化学性等性能，并能增加基材的物理、化学特性。只有极少一部分塑料含 100%的树脂，绝大多数除主要组成成分为树脂以外都需要加入添加剂。常用的添加剂有填充剂、增塑剂、稳定剂、着色剂、润滑剂和抗氧剂等。

1）填充剂

填充剂也被称为填料，可以提高塑料的强度和耐热性能，并且可以降低成本。填料可分为有机填料和无机填料两类，前者有木粉、碎布、纸张和各种织物纤维等，后者有玻璃纤维、硅藻土、石棉、炭黑等。

2）增塑剂

增塑剂可增加塑料的可塑性和柔软性，降低其脆性，使塑料易于加工成型。增塑剂一般是指能与树脂混溶，无毒、无臭，对光、热稳定的高沸点有机化合物，最常用的是邻苯二甲酸酯类增塑剂。例如，在生产聚氯乙烯塑料时，若加入较多的增塑剂，则可得到软质聚氯乙烯塑料，若不加或少加增塑剂（用量<10%），则可得到硬质聚氯乙烯塑料。

3）稳定剂

为了防止合成树脂在加工和使用过程中受光和热的作用发生分解或被破坏，延长塑料的使用寿命，要在塑料中加入稳定剂。常用的稳定剂有硬脂酸盐、环氧树脂等。

4）着色剂

着色剂可使塑料具有各种鲜艳、美观的颜色。常用有机染料和无机颜料作为着色剂。

5）润滑剂

润滑剂的作用是防止塑料在成型时黏在金属模具上，同时可使塑料的表面光滑、美观。常用的润滑剂有硬脂酸及其钙镁盐等。

6）抗氧剂

抗氧剂的作用是防止塑料在加热成型或在高温使用过程中受热氧化，从而使塑料变黄、发裂等。

除上述添加剂以外，塑料中还可加入阻燃剂、发泡剂、抗静电剂等，以满足不同的使用要求。

2.1.2　塑料的主要性能特点

1. 质量轻

塑料是较轻的材料，相对密度为 $0.9\sim2.2\text{g/cm}^3$。特别是泡沫塑料，因为内部有微孔，所以更轻，相对密度可以达到 0.1g/cm^3。这种特性使得塑料可用于制造要求减轻自重的产品。

2. 优良的化学稳定性

绝大多数的塑料对酸、碱等化学物质都具有良好的抗腐蚀能力。特别是俗称塑料王的聚四氟乙烯（F4），它的化学稳定性甚至胜过黄金，放在"王水"中煮十几个小时也不会变质。聚四氟乙烯由于具有优异的化学稳定性，因此是理想的耐腐蚀材料，可以作为输送腐蚀性和黏性液体的管道材料。

3. 优异的电绝缘性能

普通塑料都是电的不良导体，其表面电阻、体积电阻很大，为 $10^9\sim10^{18}\Omega$，击穿电压大，介质损耗角正切值很小。因此，塑料在电子工业和机械工业中有着广泛的应用。

4. 热的不良导体，具有消声、减振作用

一般来讲，塑料的导热性是比较低的，相当于钢的 1/225～1/75，如聚氯乙烯（PVC）的导热系数仅为钢材的 1/357。铝材的 1/1250。泡沫塑料内部的微孔中含有气体，因此其具有隔热、隔音、防振性好等优点。在隔热能力上，单玻塑窗比单玻铝窗高 40%。将塑料窗体与中空玻璃结合起来，在住宅、写字楼、病房、宾馆中使用，冬天保暖、夏天隔热，好处十分明显。

5. 机械强度分布范围广、强度比高

有的塑料坚硬如石头、钢材，有的塑料柔软如纸张、皮革。从塑料的硬度、抗张强度、延伸率和抗冲击强度等力学性能上来看，其机械强度分布范围广、强度比高，有很大的选择余地。

与其他材料相比，塑料也存在着明显的缺点。

（1）在回收利用废弃塑料时，分类十分困难，而且经济性差。

（2）塑料容易燃烧，燃烧时会产生有毒气体。例如，聚苯乙烯燃烧时会产生甲苯，这种物质少量就会导致失明，吸入会导致呕吐等症状；PVC 燃烧会产生氯化氢有毒气体。除燃烧外，高温环境也会导致塑料分解出有毒成分，如苯环等。

（3）塑料是由石油炼制的产品制成的，石油资源是有限的。

（4）塑料无法自然降解。塑料因为无法自然降解，所以会对环境造成严重污染。塑料垃圾充斥在人们生活的环境中，令人触目惊心。例如，人们为了生活方便，大量使用购物塑料袋，结果导致塑料袋到处飘飞，这些塑料袋由于无法自然降解，即使埋藏在地底下，几百年、几千年甚至几万年也不会腐烂，严重污染土壤。焚烧所产生的有害烟尘和有毒气体同样会对大气环境造成污染。

（5）塑料的耐热性能较差，易于老化。

2.1.3　塑料的分类

塑料的分类方法比较多，本节仅介绍其中两种。

1. 根据受热后的性质不同分类

根据受热后的性质不同，塑料可以分为热塑性塑料和热固性塑料。

热塑性塑料是加热后软化流动，冷却后硬化，再加热后又会软化流动的塑料，即通过加热及冷却可以不断地在固态和液态之间发生可逆的物理变化的塑料。

人们日常生活中使用的大部分塑料都属于热塑性塑料。因为此种塑料可以回收再次利用，所以注塑模具多用此种塑料成型产品。

热塑性塑料主要包括聚乙烯（PE）、聚丙烯（PP）、聚苯乙烯（PS）、聚甲基丙烯酸甲酯（PMMA，俗称有机玻璃）、聚氯乙烯（PVC）、尼龙（Nylon)、聚碳酸酯（PC）、聚氨酯（PU）、丙烯腈-丁二烯-苯乙烯（ABS）、聚酰胺（PA）等。

热固性塑料在第一次加热时可以软化流动，加热到一定温度后发生化学反应——交联固

化，从而变硬，这种变化是不可逆的，此后再次加热，不能再软化流动。热固性塑料正是借助这种特性进行成型加工的，利用第一次加热时发生的软化流动，使熔体在压力下充满型腔，进而固化成特定形状和尺寸的制品。热固性塑料多用于对隔热、耐磨、绝缘、耐高压电等特性要求较高的场合，如炒锅把手和高低压电器等。

热固性塑料主要包括酚醛树脂（PF）、脲醛树脂（UF）、三聚氰胺树脂（MF）、不饱和聚酯树脂（UF）、环氧树脂（EP）、有机硅树脂（SI）、聚氨酯（PU）等。

2. 根据用途不同分类

根据用途不同，塑料可以分为通用塑料、工程塑料、特种塑料。

通用塑料是指产量大、价格低、应用范围广的塑料，主要包括聚烯烃、聚氯乙烯、聚苯乙烯、酚醛塑料和氨基塑料五大品种。人们日常生活中使用的许多产品都是由通用塑料制成的。

工程塑料是指可作为工程结构材料和代替金属制造机器零部件等的塑料，主要包括聚酰胺、聚碳酸酯、聚甲醛、ABS 树脂、聚酰亚胺等。工程塑料具有密度小、化学稳定性高、机械性能良好、电绝缘性优越、加工成型容易等特点，广泛应用于汽车、电器、化工、机械等领域。

特种塑料是指具有特种功能，可用于航空、航天等特殊应用领域的塑料。例如，氟塑料和有机硅塑料具有突出的耐高温、自润滑等特殊性能，增强塑料和泡沫塑料具有高强度、高缓冲性等特殊性能，这些塑料都属于特种塑料的范畴。

2.1.4 新型塑料

随着塑料技术的发展，一些新型塑料不断涌现，下面介绍几种新型塑料。

1. 可变色塑料薄膜

英国南安普顿大学和德国达姆施塔特塑料研究所共同开发出一种可变色塑料薄膜。这种可变色塑料薄膜把天然光学效果和人造光学效果结合在一起，可以让物体精确改变颜色。这种可变色塑料薄膜为塑料蛋白石薄膜，是由在三维空间中叠起来的塑料小球组成的，在塑料小球中间还有微小的碳纳米粒子，因此光不仅在塑料小球和周围物质之间的边缘区反射，还在填在这些塑料小球之间的碳纳米粒子表面反射，这就大大加深了薄膜的颜色。只要控制塑料小球的体积，就能产生只散射某些光谱频率的光的物质。

2. 塑料血液

英国谢菲尔德大学的研究人员开发出一种人造塑料血液，其外形就像浓稠的糨糊，只要溶于水就可用于给病人输血，可作为急救过程中的血液替代品。这种塑料血液由塑料分子构成，一块塑料血液中有数百万个塑料分子，这些分子的大小和形状都与血红蛋白分子类似，还可携带铁原子，像血红蛋白那样把氧输送到全身。由于制造原料是塑料，因此这种塑料血液轻便易带，不需要冷藏保存，使用有效期长，工作效率比真正的人造血还高，而且造价较低。

3. 防弹塑料

墨西哥的一个科研小组研制出一种防弹塑料，可用来制作防弹玻璃和防弹服，其质量只有传统材料的 1/7～1/5。这是一种经过特殊加工的塑料，与正常结构的塑料相比，具有超强的防弹性。试验表明，这种防弹塑料可以抵御直径为 22mm 的子弹。通常的防弹材料在被子弹击中后会发生受损变形，无法继续使用，而这种材料受到子弹冲击后虽然暂时也会变形，但很快就会恢复原状并可继续使用。此外，这种材料可以将子弹的冲击力平均分配，从而减少对人体的伤害。

4. 可降低汽车噪声的塑料

美国聚合物集团（PGI）公司采用可再生的聚丙烯和聚对苯二甲酸乙二醇酯开发出一种新型基础材料，应用于可模塑汽车零部件，可降低汽车噪声。这种材料主要应用于车身和轮舱衬垫，通过产生一个屏障层，吸收汽车车厢内的声音，降低噪声，噪声降低幅度为 25%～30%。同时 PGI 公司还开发出一种特殊的一步法生产工艺，将再生材料和没有经过处理的材料有机结合在一起，通过层叠法和针刺法使得两种材料成为一个整体。

2.1.5 常见的塑料标识

在饮料瓶底部或其他塑料器皿底部都有一个标识（一个带箭头的三角形，三角形里面有一个数字），不同的标识代表不同的意义。塑料广泛用于饮品包装及食品包装，有很多人对其毒性认识不够或根本不清楚，现归类如下以供学习，如表 2-1 所示。

表 2-1 常见的塑料标识

标　识	说　明
①	PET（聚对苯二甲酸乙二醇脂），常见于矿泉水瓶、碳酸饮料瓶。PET 制品耐热温度为 70℃，只适合装暖饮或冷饮，装高温液体或加热则易变形，而且会分解出对人体有害的物质。研究发现，PET 制品使用 10 个月后，可能会释放出致癌物 DEHP。因此，饮料瓶等不要用作水杯或储物容器，不要放在汽车内晒太阳，不要装酒、油等物质
②	HDPE（高密度聚乙烯），常见于白色药瓶、清洁用品容器、沐浴用品容器。HDPE 制品不要用作水杯或储物容器。这些容器通常无法彻底清洗，所以不要循环使用
③	PVC（聚氯乙烯），常见于雨衣、建材、塑料膜、塑料盒等。PVC 制品可塑性优良、价钱便宜，故使用较为普遍，但目前很少用于食品包装，因为其在高温下容易产生有害物质，甚至在制造的过程中也可能产生有害物质，有害物质随食物进入人体后，可能导致乳腺癌、新生儿先天缺陷等疾病，故不要购买采用这种材料包装的饮品或食品
④	LDPE（低密度聚乙烯），常见于保鲜膜、塑料膜等。LDPE 制品在高温下容易产生有害物质，有害物质随食物进入人体后，可能导致乳腺癌、新生儿先天缺陷等疾病。因此，保鲜膜切勿进微波炉
⑤	PP（聚丙烯），常见于豆浆瓶、饮料瓶、微波炉餐盒等。PP 制品熔点高达 167℃，是唯一可以放进微波炉加热的塑料制品，可在小心清洁后重复使用。需要注意：有些微波炉餐盒，盒体以 PP 制造，但盒盖却以 PE 制造，由于 PE 不能承受高温，故盒盖不能与盒体一并放进微波炉加热

续表

标　识	说　明
![6]	PS（聚苯乙烯），常见于碗装泡面盒、快餐盒。PS 制品不能放进微波炉加热，以免因温度过高而分解出有害物质；不能装酸（如柳橙汁）、碱性物质，以免分解出致癌物质。因此，应避免用快餐盒打包滚烫的食物，不要用微波炉煮碗装方便面
![7]	PC（聚碳酸酯）及其他类，常见于水壶、太空杯、奶瓶等，超市中常将这种材质的水杯当作赠品。PC 制品很容易释放出有毒物质双酚 A。因此，这种材质的容器在使用时不要加热，不要在阳光下直晒

2.2　注塑机

2.2.1　注塑机简介

要生产出产品，首先要把塑料熔化，然后把熔体注入模具型腔，这一系列操作需要专门的机器来完成，这个专门的机器被称为注塑机。

注塑机的工作原理与打针用的注射器有点相似，它是一种专用的塑料成型机械，利用塑料的热塑性，将塑料经加热融化后，加以高的压力使其快速流入模具型腔内部，经一段时间的保压和冷却，形成各种形状的塑料制品。

注塑机的分类方法很多，按塑化方式不同可分为柱塞式注塑机和螺杆式注塑机；按合模方式不同可分为机械式注塑机、液压式注塑机、液压-机械式注塑机；按合模部件与注射部件配置的形式不同可分为卧式注塑机、立式注塑机、角式注塑机等。

本节重点介绍工程中常用的卧式螺杆式注塑机，如图 2-2 所示。

图 2-2　卧式螺杆式注塑机

注塑机通常由注射系统、合模系统、液压传动系统、电气控制系统、加热及冷却系统、润滑系统、安全监测系统等组成。

1. 注射系统

注射系统是注塑机最主要的组成部分之一，它能够使塑料在螺杆的旋转推进下均匀塑化，在高压下快速注入模具型腔。注射系统主要包括料斗、料筒、螺杆、喷嘴、驱动电动机等，如图 2-3 所示。

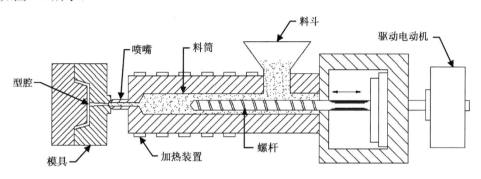

图 2-3　注射系统

（1）螺杆。当螺杆在料筒内旋转时，首先将来自料斗的塑料卷入料筒，并逐步将其向前推送、压实，同时进行排气和塑化，随后塑料熔体就不断地被推到螺杆头部与喷嘴之间，而螺杆本身则因受熔体的压力而缓慢后移。当积存的熔体达到一次注塑量时，螺杆停止转动。在注塑时，螺杆传递液压或机械力使熔体注入模具型腔。

（2）料斗。料斗是注塑机的加料装置，根据注塑机的不同还配有自动上料装置或加热装置。

（3）料筒。料筒是对塑料进行加热和加压的容器，要求具有耐压、耐热、耐疲劳、抗腐蚀、传热性好等特点。料筒外部一般都配有加热装置，可以实现分段加热和控制。

（4）喷嘴。喷嘴是连接料筒和模具的过渡部分。在注塑时，料筒内的熔体在螺杆的作用下，以高速、高压流经喷嘴注入模具型腔。

2. 合模系统

合模系统的作用是保证模具能顺利闭合、打开及顶出制品。在模具闭合后，合模系统给予模具足够的锁模力，以抵抗塑料熔体进入模具型腔产生的压力，防止模具开裂，从而造成制品的不良现象。合模系统主要由合模装置、调模装置、顶出装置、定模板、动模板、合模油缸和安全保护机构组成。

3. 液压传动系统

液压传动系统的作用是实现注塑机按工艺过程所要求的各种动作提供动力，并满足注塑机各部分所需压力、速度、温度等的要求。液压传动系统主要由各种液压元件和液压辅助元件组成，其中油泵和电动机是注塑机的动力来源。各种阀用于控制液体压力和流量，从而满足注射成型工艺的各项要求。

4. 电气控制系统

电气控制系统与液压传动系统合理配合，可满足注塑机的工艺过程要求（如压力、温度、速度、时间要求）和实现各种程序动作。电气控制系统主要由电器、电子元件、仪表、加热器、传感器等组成。

5. 加热及冷却系统

加热系统是用来加热料筒及喷嘴的。注塑机料筒一般采用电热圈作为加热装置，安装在料筒的外部，并用热电偶分段检测，热量通过筒壁导热为原料塑化提供热源。冷却系统主要是用来冷却油温的。油温过高会引起多种故障，所以必须对油温加以控制。另一处需要冷却的位置在下料口附近，目的是防止塑料在下料口处熔化，导致不能正常下料。

6. 润滑系统

润滑系统是为注塑机的动模板、调模装置、连杆机构等有相对运动的部位提供润滑条件的回路，作用是减少能耗和提高零件寿命。润滑方式有定期手动润滑和自动电动润滑两种。

7. 安全监测系统

注塑机的安全装置主要是指用来保证人和机器安全的装置，主要由安全门、液压阀、限位开关、光电检测元件等组成，可以实现电气→机械→液压的连锁保护。安全监测系统主要对注塑机的油温、料温、系统超载，以及工艺和设备故障等进行监测，当发现异常情况时进行指示或报警。

2.2.2 注塑机与模具

注塑机上有两个模板，一块不可以移动，被称为定模板；另一块可以移动，被称为动模板。模具分别通过螺钉和压板固定在这两块模板上，如图 2-4 所示。在开模时，移动注塑机的动模板，从而打开模具。

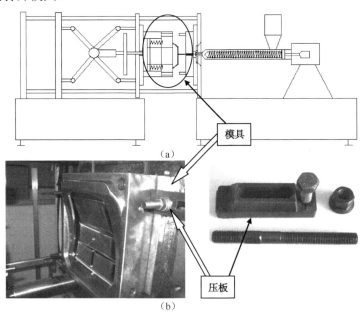

图 2-4　注塑机及模具

模具制造完毕后，就要进行注塑成型，上注塑机，开始打产品。由于注塑机的型号很多，每种注塑机都有自己的参数，因此设计的模具必须能满足客户提供的注塑机型号的要求，否则将无法进行生产。

注塑机的设计参数很多，下面重点介绍与模具有关的几种参数，希望学生在具体设计模具时注意。

1. 注塑量

注塑量是注塑机在生产时一次能射出熔胶的最大质量值（或容积值），代表注塑机的最大注塑能力。设计的模具一模所用的熔胶量必须小于注塑机的注塑量。否则，产品打不满，无法进行生产。

2. 锁模力

锁模力是注塑机在模具闭合时对模板的压紧力。产品在成型时所需要的锁模力必须小于所选注塑机的额定锁模力。否则，熔胶容易在分型面处跑胶，产生毛边。

3. 拉杆间距

在注塑机定模板和动模板四角上有四根拉杆，它们的作用是保证注塑机有足够的强度和刚度，同时负责滑动模板。但它们往往会限制模具外形尺寸，因为模具在安装时是从拉杆中间吊装进去的。注塑机拉杆如图 2-5 所示。

图 2-5　注塑机拉杆

模具外形尺寸不能同时大于它们对应的拉杆间距，如图 2-6（a）所示；如果模具外形尺寸中有一个超过了拉杆间距，则要看模具能否通过旋转吊入拉杆之间，如图 2-6（b）所示。如果旋转吊入也无法进行，那么只能修改模具尺寸，或者更换注塑机。

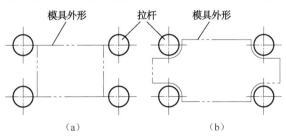

图 2-6　模具外形尺寸与拉杆之间的关系示意图

4. 喷嘴尺寸校核

注塑机喷嘴一般为球面喷嘴，在选择浇口套时，应使浇口套的球面半径与喷嘴球面半径吻合。为防止高压熔体从喷嘴与浇口套的接触间隙处溢出，一般浇口套的球面半径 S_R 应比喷嘴球面半径 S_r 大 1～2mm，同时主流道小端尺寸也应比喷嘴孔尺寸稍大，如图 2-7（a）所示，即

$$S_R = S_r + (1 \sim 2)\text{mm}, \quad d = d_0 + (0.5 \sim 1)\text{mm}$$

如果喷嘴球面半径太小或太大，如图 2-7（b）、2-7（c）所示，则在注射时容易漏胶。

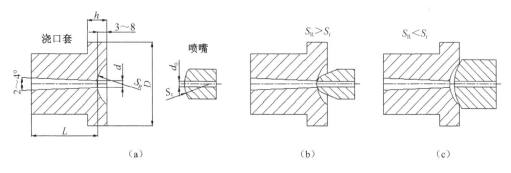

图 2-7 喷嘴与浇口套的配合关系

2.3 注塑成型过程

注塑成型过程如下。利用塑料的热物理性质，把原料从料斗加入料筒，在料筒外用电热圈进行加热，在料筒内装有在驱动电动机作用下旋转的螺杆，原料在螺杆的作用下沿着螺槽向前推送并被压实，原料在外加热和螺杆剪切的双重作用下逐渐塑化、熔融和均化。当螺杆旋转时，原料在螺槽摩擦力及剪切应力的作用下，把已熔融的原料推到螺杆头部，与此同时，螺杆在原料的反作用下后退，使螺杆头部形成储料空间，完成塑化过程。然后螺杆在注射油缸的活塞推力的作用下，以高速、高压将储料空间内的熔体通过喷嘴注射到模具型腔中，当模具型腔中的熔体经过保压、冷却、固化定型后，在合模系统的作用下打开模具，并通过顶出装置把定型好的制品从模具中顶出。

注塑成型过程大致可分为填充、保压、冷却、开模、制品取出、合模等几个连续的步骤，这些步骤周而复始，从而形成一个完整的产品生产周期。

1. 填充

填充是指在液压缸或机械力作用下，注塑机螺杆推动熔体通过喷嘴注入模具型腔，如图 2-8 所示。填充是整个注塑成型过程中的第一步，时间从模具闭合开始注射算起，到模具型腔填充到约 95% 为止。

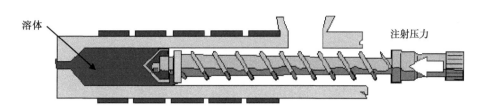

图 2-8 填充

2. 保压

熔体充满模具型腔后会冷却收缩，为弥补收缩量，提高制品密度，螺杆仍需要继续对熔体施加一定的压力，使得熔体继续被挤压注入模具型腔，这个过程叫作保压，如图 2-9 所示。

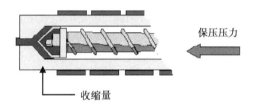

图 2-9 保压

3. 冷却

如图 2-10 所示，冷却对注塑成型意义重大，因为注塑成型的塑料制品只有冷却固化到具有一定刚性，脱模后才能避免因受到外力而产生变形。由于冷却时间占整个注塑成型周期的 70%～80%，因此设计良好的冷却系统可以大幅缩短注塑成型时间，提高生产效率，降低成本。设计不当的冷却系统会使注塑成型时间拉长，增加成本，甚至会导致冷却不均匀，进一步造成塑料制品的翘曲变形。

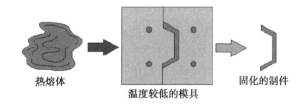

图 2-10 冷却

4. 开模

制品冷却定型后，注塑机的合模系统将带动模具动模部分与定模部分分离，这个过程叫作开模，如图 2-11 所示。

5. 制品取出

制品取出是指由注塑机的顶出装置顶出制品，通过人手或机械手取出制品和浇注系统冷凝料等，如图 2-12 所示。脱模方式不当，可能会导致制品在脱模时受力不均，顶出时导致制品产生变形等缺陷。

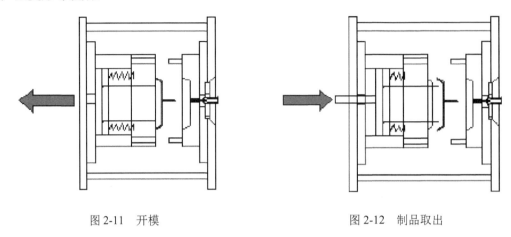

图 2-11　开模　　　　　　　　　　　　　图 2-12　制品取出

6. 合模

制品取出后，模具动模部分在注塑机合模系统的作用下，向前移动与定模部分合拢，等待下一次填充。

2.4　注塑成型工艺条件

注塑成型工艺条件主要包括温度、压力和时间等。

1. 温度

注塑成型过程中的温度主要包括熔料温度和模具温度。熔料温度影响塑化和填充过程，模具温度影响填充和冷却过程。

熔料温度是指塑化树脂的温度和从喷嘴射出的熔体温度，前者被称为塑化温度，后者被称为熔体温度，由此看来，熔料温度取决于料筒和喷嘴两部分的温度。熔料温度的高低决定了熔体流动性能的好坏。熔料温度高，熔体的黏度小，流动性能好，需要的注塑压力小，成型后的制品表面光洁度好，出现熔接痕、缺料的可能性就小；熔料温度低，就会降低熔体的流动性能，导致制品表面光洁度差、缺料、熔接痕明显等缺陷。但是熔料温度过高会引起材料热降解，导致材料物理和化学性能降低。

模具温度是指和制品接触的模具型腔表面的温度。模具温度直接影响熔体的流动性能、制品的冷却速度和制品的最终质量。提高模具温度可以改善熔体在模具型腔内的流动性能，增强制品的密度和结晶度，以及减小充模压力和制品中的压力。但是，提高模具温度会增加制品的冷却时间、增大制品收缩率和脱模后的翘曲程度，制品成型周期也会因为冷却时间的增加而变长，从而降低生产效率。降低模具温度虽然能够缩短冷却时间、提高生产率，但是会降低熔体在模具型腔内的流动性能，并导致制品产生较大的内应力或形成明显的熔接痕等缺陷。

2. 压力

注塑成型过程中的压力主要包括注塑压力、保压压力和背压。

注塑压力是指螺杆或柱塞沿轴向前移时，其头部向熔体施加的压力。注塑压力主要用于克服熔体在成型过程中的流动阻力，还对熔体起一定程度的压实作用。注塑压力对熔体的流动、填充及制品质量都有很大影响。如图 2-13 所示，注塑压力与充模时间的关系曲线呈抛物线状。只有选择适中的注塑压力才能保证熔体在注塑过程中具有较好的流动性能和填充性能，同时保证制品的最终质量。注塑压力的大小取决于制品原料的品种、制品的复杂程度、喷嘴的结构形式、模具浇口的类型和尺寸及注塑机类型等因素。

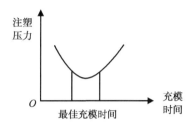

图 2-13 注塑压力与充模时间的关系曲线图

保压压力是指对模具型腔内的树脂熔体进行压实及维护，向模具型腔内进行补料所需要的压力。保压压力是重要的注塑成型工艺参数之一，保压压力和保压时间的选择直接影响到注塑制品的质量，保压压力与注塑压力一样都由液压系统决定。在保压初期，制品质量随保压时间增长而提高，达到一定时间后制品质量不再提高。延长保压时间有助于减小制品的收缩率，但过长的保压时间会使制品两个方向上的收缩率出现差异，令制品各个方向上的内应力差异增大，造成制品翘曲、黏模。当保压压力及熔体温度一定时，保压时间的选择取决于浇口凝固时间。

背压是指螺杆头部熔体在螺杆转动后退时对其施加的反向压力。增大背压可以排出熔体中的空气，提高熔体密实程度，还可以增大熔体内的压力，减小螺杆后退的速度，加强塑化过程中的剪切作用，增加摩擦热，提升熔体温度，提高塑化能力。但是背压增大后，如果不相应提高螺杆转速，那么熔体在螺杆计量段螺槽中将会产生较大的逆流和漏流，从而使塑化能力下降。背压的大小与制品原料的品种、喷嘴的结构形式及加料方式有关。

3. 时间

注塑成型周期主要由注塑时间、保压时间、冷却时间和开模时间组成。

注塑时间是指从注塑活塞在注塑油缸内开始向前运动到模具型腔被全部充满所经历的时间。

保压时间是指从模具型腔被充满到保压结束所经历的时间。

注塑时间与保压时间由制品原料的流动性能、制品的几何形状、制品的尺寸大小、模具浇注系统的形式、成型所用的注塑方式和其他工艺条件等因素决定。

冷却时间是指从保压结束到打开模具所经历的时间。冷却时间的长短受熔体温度、模具温度、脱模温度和冷却剂温度等因素的影响。

开模时间是指从打开模具取出制品到下一个成型周期开始所经历的时间。若注塑机的自动化程度高，模具的复杂程度低，则开模时间短，否则开模时间长。

思　考　题

1．简述常用的塑料添加剂。

2．塑料有哪些分类方法？热固性塑料和热塑性塑料有何区别？

3．常见的塑料标识有哪些？

4．注塑机由哪几部分组成？

5．简述注塑成型过程。

第3章 模架结构

知识目标

1. 掌握标准模架的类型及模架的基本结构。
2. 熟悉模具的 3D 结构及 2D 结构。
3. 掌握模仁尺寸的确定方法。
4. 掌握模架大小的确定方法。

能力目标

能够根据模具结构、大小合理地选择模架类型及大小。

思政目标

1. 通过讲解模具基本结构，告诉学生进行模具拆装要注意的安全事项，培养学生的安全意识和质量意识。
2. 通过讲解模仁尺寸、模架大小的确定，培养学生的成本意识。

现代模具设计多采用标准模架，这使得模具厂可以节省大量的制模时间，缩短工期，并且使得产品的质量与精度得到了保证。

根据产品的特点，标准模架分为大水口模架与细水口模架。细水口模架又可细分为普通细水口模架和简化型细水口模架。每个产品的模具内部结构虽有所不同，但其标准模架结构却都相似。掌握模架的相关内容对于模具设计师来说十分有必要。

本章重点阐述标准模架的规格与型号，并就一套简单的模具进行详细介绍。

3.1 模具外观认识

认识模具结构最好的方法就是到加工现场观察模具实物，弄清它的主体结构，为模具设计的学习打下基础。

模具闭合状态如图 3-1 所示。从外形上来看，模具形状都差不多，由几块板材组成，但如果把它们打开，就会发现其内部结构不尽相同，复杂程度也不一样。

图 3-2 所示为模具打开状态，从图 3-2 中可以看出，模具内部有许多结构，模具的成型部位也在里面，模具的复杂程度完全体现在其内部结构上。针对不同的产品，要设计的模具结构是不一样的。

图 3-1　模具闭合状态　　　　　　　　　图 3-2　模具打开状态

3.2　标准模架

如果我们仔细观察一下注塑模，就会发现对于一般的注塑模具来说，许多结构是相同的，如都有定/动模底板、定/动模板、顶出板、模脚、导柱、导套等，每套模具都包括此类构件。不同的是，每套模具的成型部分（或称模仁结构）各不相同。

为了尽量缩短制造模具的时间，降低制造模具的成本，对于这些共有的构件，现在许多模具厂已不再自己加工，而交由专门的公司来加工，这些公司把此类构件加工好，然后通过螺钉固定在一起，就构成了标准模架，如图 3-3 所示。模具厂可以根据需求直接购买一定型号的标准模架，然后基于标准模架做出不同的模具结构。

采用标准模架有许多好处，如可以有效提高加工精度、大幅度缩短工期、节省成本、减轻加工师傅的工作量等。如今，大多数模具厂，尤其是模具工业发达地区的模具厂，都采用标准模架来做模具。当然，也有一些地方的模具厂由于各种原因并未采用标准模架，模架的各模板还需要自己加工。

根据产品的结构不同，注塑模具一般可分为两种类型：一种是二板式模具，简称二板模（Two-Plat）；另一种是三板式模具，简称三板模（Three-Plat）。二板模又可称为大水口模具，三板模又可称为细水口模具。三板模又可细分为普通细水口模具和简化型细水口模具两种。所谓水口，指的是浇口。大水口指的是直接式浇口、潜伏式浇口、侧浇口等尺寸比较大的浇口；细水口指的是针点式浇口，它的尺寸非常小。

因此，对应的标准模架有大水口模架、普通细水口模架和简化型细水口模架三种类型，而每种类型又可分为许多不同的样式。

下面以最常见的大水口模架为例来介绍一下标准模架，细水口模架与其具有相似之处。

图 3-4 所示为一套典型的大水口模架实物图，其在大水口模架系列中属于 CI 型，是最简单、最基本的模架结构，应用非常广泛。

1—定模底板；2—定模板；3—动模板；4—模脚；

5—上顶出板；6—下顶出板；7—动模底板。

图 3-3　标准模架　　　　　　　　　图 3-4　一套典型的大水口模架实物图

图 3-5 所示为 CI 型大水口模架的 2D 图。由图 3-5 可以看出，此型号的标准模架由以下几个部分组成。

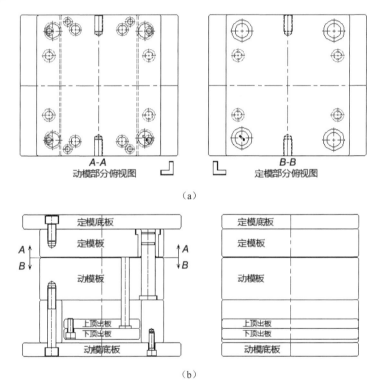

图 3-5　CI 型大水口模架的 2D 图

1. 板子部分

板子部分包括定、动模底板，定、动模板，上、下顶出板，模脚（两个）。

2. 固定螺钉部分

定模固定螺钉：锁定定模底板与定模板的螺钉，一般为 4~6 颗。

动模固定螺钉：锁定动模底板与动模板的螺钉，它穿过了模脚，与其配合方式是间隙配合，一般为 4~6 颗。它的大小和到模具中心线之间的距离与定模固定螺钉一致，只有长度与定模固定螺钉不一样。

顶出板锁紧螺钉：锁定上、下顶出板，分布在顶出板的 4 个角上，一般为 4 颗。

模脚固定螺钉：锁定动模底板与模脚，一般为 4~6 颗。

3. 辅助零件部分

导柱与导套：共 4 套。为了防止模具在安装时装反，4 套导柱与导套中靠近基准的 1 套向模具中心线上方偏 2mm，无论模具大小，每套模具都一样。

回针：共 4 个，分布在顶出板的 4 个角上。

4. 辅助设置部分

吊环孔：由于模具一般都较重，为了方便模具的安装和搬运，在加工现场都会用到吊车，因此在模架上设计了吊环孔。

大水口模架共分为三大类，共 12 种型号，除前面所讲的 CI 型以外，还有其他型号。

（1）"工"字形模架，包括 AI 型、BI 型、CI 型、DI 型 4 种，如图 3-6 所示。

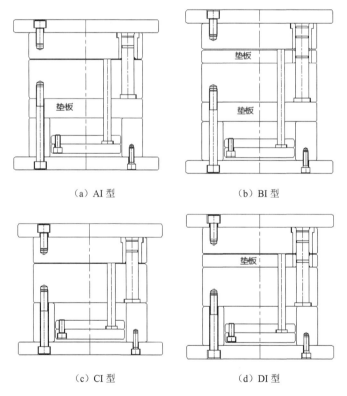

（a）AI 型　　　　　　　　　（b）BI 型

（c）CI 型　　　　　　　　　（d）DI 型

图 3-6　"工"字形模架

（2）无定模底板的直身型模架，包括 AH 型、BH 型、CH 型、DH 型 4 种，如图 3-7 所示。

（3）有定模底板的直身型模架，即 AT 型、BT 型、CT 型、DT 型 4 种，如图 3-8 所示。

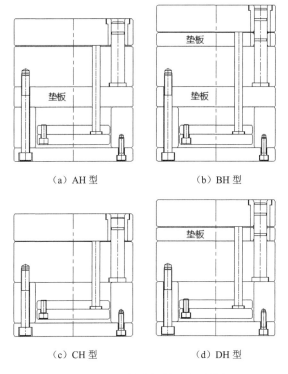

（a）AH 型　　　　　　（b）BH 型

（c）CH 型　　　　　　（d）DH 型

图 3-7　无定模底板的直身型模架

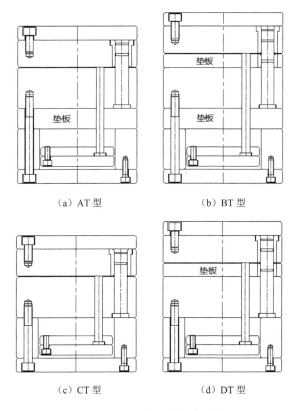

（a）AT 型　　　　　　（b）BT 型

（c）CT 型　　　　　　（d）DT 型

图 3-8　有定模底板的直身型模架

3.3　典型模具结构3D图解

想要学好模具设计，首先要熟悉模具结构，为达到这一目的，除要提升制图能力、识图能力之外，还可以多到加工现场了解模具加工过程。俗话说"百闻不如一见"，到加工现场学习，能更直观地了解模具结构。如果条件允许，还可以对实际模具进行拆装测绘，这样印象更为深刻。

学生到模具厂学习的机会相对较少，可能有的学校会让学生到模具厂进行生产见习，但是往往时间短，效果也不太理想。本节以一套简单的模具为例，借助 3D 软件把模具拆开，使学生就像亲临加工现场一样，能够熟悉模具内部结构。如图 3-9 所示，该产品是一个简单的塑料盖子，其模具采用了前面介绍的最简单的 CI 型模架。

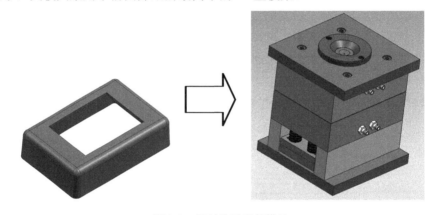

图 3-9　塑料盖子及其模具

把模具从分型面处打开，打开后分为动模部分与定模部分，如图 3-10 所示。

（a）动模部分

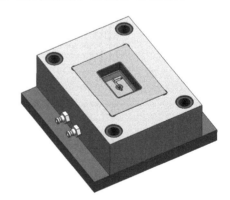

（b）定模部分

图 3-10　打开后的模具

和 3.2 节中所讲述的一样，采用标准模架的模具有许多构件是相同的，为了让大家更进一步理解模具结构，下面以这套模具为例进行讲解，这套模具虽然简单，但是代表了注塑模具最基本的典型结构。

3.3.1　动模部分拆分

　　模具的动模部分、定模部分这种称呼源自模具厂，因为模具是固定在注塑机上的，模具的开合是通过注塑机动模板的移动实现的。固定在注塑机的动模板上，并随注塑机动模板的移动而移动的这部分模具称为动模部分；固定在注塑机的定模板上的这部分模具称为定模部分。

　　本套模具动模部分的零件名称如图 3-11 所示。

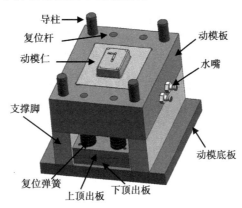

图 3-11　本套模具动模部分的零件名称

　　不同地区的模具厂对某些模具结构零件的称谓是不一样的。例如，动模板又被称为公模板、下模板、后模板、型芯板、阳模、凸模、B 板等，叫法五花八门，给初学者阅读模具资料带来一些困扰，就如同各个地方有自己的方言一样，大家以后见得多了也就习惯了。

　　下面把动模部分的零件一个一个地拆开，以便大家理解。

　　注意： 在模具厂，钳工在实际拆模时，都是从动模底板上的大螺钉开始拆卸的，一般的拆卸顺序是动模底板、模脚、上顶出板、下顶出板、动模仁等。但本节为了讲清楚及方便给出图示，并未按实际拆模的顺序介绍，而从讲清结构的角度来说明。

　　（1）拆动模仁（见图 3-12）。模仁是用来成型塑件的，可分为动模仁、定模仁。动模仁是通过螺钉与动模板固定在一起的，顶针穿过动模板及动模仁。

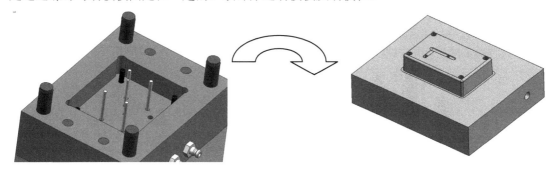

图 3-12　拆动模仁

随着客户对塑胶产品的外观、结构等的要求越来越高，一般情况下使塑胶产品直接在模板上成型的模具越来越少。因为标准模架的模板材料一般都是普通的钢材，如 45 号钢等，这种材料达不到塑胶产品成型的性能要求。如果模板采用性能较好的钢材，如 P20、SKD61等，则会增加模具材料的成本。另外，如果模板直接作为成型零件，那么后期模具维修不方便。所以，为了得到更好的产品，也为了节约成本、方便维修模具，通常采用模仁结构。

模仁是注塑模具的核心部分。产品的成型部分就在模仁里面，模具加工的大部分时间也花费在模仁上。实际在做模具时要先将动模板、定模板铣一个框，然后把加工好的模仁装配进去，因此有定模仁和动模仁之称。图 3-13 中圆圈圈住的部位为模仁。

图 3-13　模仁

（2）拆动模板（见图 3-14）。动模板上有导柱孔、回针孔、螺钉孔。动模板是用螺栓与模脚、动模底板连接在一起的。弹簧套在回针上。在动模板的框槽中，预留有顶针孔。

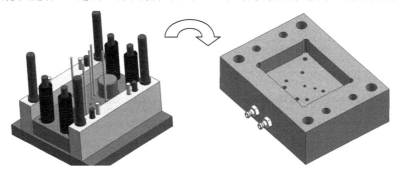

图 3-14　拆动模板

（3）拆两边模脚（见图 3-15）。模脚也被称为支撑脚、垫块、方铁。模脚的主要作用是确保制品有足够的顶出距离，另外也为放置上、下顶出板腾出空间，使制品能顺利脱模。模脚上除有预留的螺钉过孔以外，有的还有销钉孔。

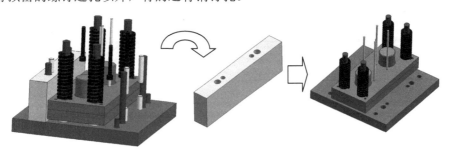

图 3-15　拆两边模脚

（4）回针、顶针都固定在顶出板上，且回针上套有弹簧，拆除顶出板及上面的回针、弹簧、顶针后，将只剩下动模底板，如图 3-16 所示。顶出板分为上、下顶出板，两块顶出板通过螺钉固定在一起。在本套模具中，在动模底板上还固定了 2 个支撑柱（撑头）及 4 颗垃圾钉。

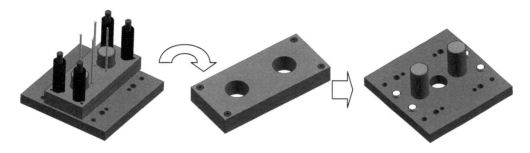

图 3-16　拆顶出板及上面的回针、弹簧、顶针

3.3.2　定模部分拆分

定模部分，即模具的前模部分，如图 3-17 所示。对本套模具来说，定模部分由三大部分组成，即定模底板、定模板和定模仁，它们是通过螺钉固定在一起的。

注意： 在模具厂，钳工在实际拆模时，要先把螺钉拆掉，拆下定模底板，然后拆掉定模仁锁紧螺钉，拆下定模仁。本节为说明模具结构，并未按实际拆模顺序来拆分。

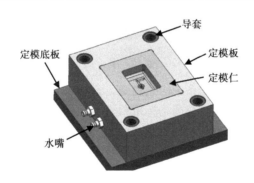

图 3-17　定模部分

（1）拆定模仁（见图 3-18）。定模仁是通过螺钉和定模板固定在一起的。先将定模板用铣刀铣一个框，再把加工好的定模仁装配进去，并用螺钉锁紧。

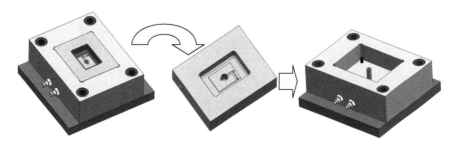

图 3-18　拆定模仁

浇口套穿过定模板，并穿过定模仁；导套固定在定模板 4 个角上，与动模板上的导柱相对应，其作用是和导柱配合，从而保证模具的精确导向。

（2）拆定模板（见图 3-19）。定模板是通过螺钉和定模底板固定在一起的。

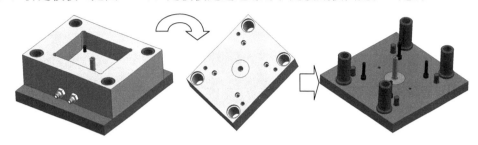

图 3-19　拆定模板

（3）拆浇口套、定位环（见图 3-20）。

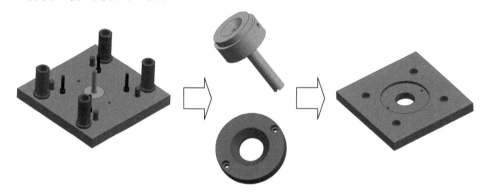

图 3-20　拆浇口套、定位环

浇口套主要用于形成模具浇注系统的主流道，是熔体进入模具型腔必须经过的第一个通道，可以说起到桥梁的作用。浇口套属于标准件，可直接购买，无须设计。定位环的主要作用在于使注塑机喷嘴与浇口套对正以顺利完成注射，有时也兼任压板的角色，防止注塑压力使得浇口套后退。定位环也属于标准件，可直接购买，无须设计。

3.4　模具结构 2D 图解

前文对注塑模具的形状、结构做了初步的介绍。然而，要进行注塑模具设计仅了解这些知识还不够，需要更深入地学习具体设计知识。在模具加工现场人们多是凭借图纸来进行交流的，因此只有懂模具方面的专业图纸，才能更全面、更深入地掌握模具设计的具体方法和细节。

本节从 2D 图纸这个层面来学习各种模具结构，将设计思想逐步细化，细化到正规的模具图纸上来，只有适应这个变化，才能够真正进入模具设计领域。

下面通过一套模具 CAD 图（更准确地来说是主视图）来认识模具结构，请仔细看图 3-21，并对照前面所讲的 3D 图加以理解。

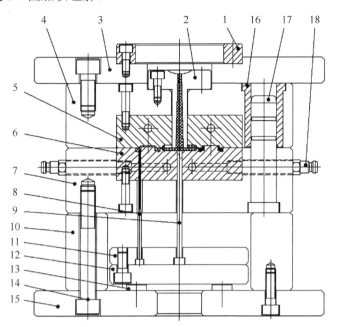

1—定位环；2—浇口套；3—定模底板；4—定模板；5—定模仁；6—动模仁；7—动模板；8—顶针；9—拉料钩针；

10—模脚；11—上顶出板；12—下顶出板；13—垃圾钉；14—螺钉；15—动模底板；16—导套；17—导柱；18—水嘴。

图 3-21　2D 结构图

3.5　模仁

模仁也被称为镶块。模仁是用来成型塑件的，是模具中关键的精密零件，其结构一般极其复杂，加工难度大，造价高，往往制造模仁的人工成本远远超过购买材料的支出。在实际设计模具时，需要根据产品的大小进行排位，即设计产品在模具中的具体摆放位置，如果采用模仁结构的话，就要确定模仁的尺寸及固定方法。

3.5.1　模仁尺寸的确定

模仁的尺寸大小主要取决于塑料制品的大小和排位。在保证强度的前提下，模仁越紧凑越好。确定模仁尺寸有以下两种方法。

1）计算法

计算法主要是指通过一系列复杂的公式对模具型腔壁厚进行校核计算，从而得出模仁尺寸。这种方法在众多的传统模具设计教科书里多有叙述，但这种方法可操作性不好，在实际工程中一般不采用。

2）估算法

估算法是指根据经验给出模具型腔壁厚，从而得出模仁尺寸。估算法由于简单实用，方便操作，因此在模具厂得到了广泛的采用。具体参数的选取根据个人设计经验或公司的规定来定，没有一个严格的参数值，只有一个适用范围。

下面举例介绍模仁尺寸确定的估算法，仅供参考。模仁尺寸如图 3-22 所示。

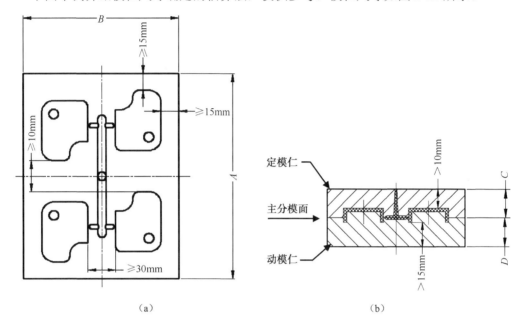

（a） （b）

图 3-22　模仁尺寸

（1）产品最外边到模仁侧面的距离不小于 15mm，常取 25～30mm。产品与产品的距离，若没有流道，则常取大于或等于 10mm 的值；若有流道，则常取大于或等于 30mm 的值。根据这些尺寸，可算出产品尺寸 A、B。

（2）产品顶端到定模仁底面的距离大于 10mm，常取 25mm 以上。

（3）产品底端到动模仁底面的距离大于 15mm，常取 30mm 以上。

所得 A、B、C、D 要取整数，并且要相对于模具中心线对称。

注意： 若尺寸太小则无法保证强度，若尺寸太大则浪费材料，增加成本。10mm、15mm、25mm 和 30mm 等这些尺寸仅作为最小安全余量的参考尺寸，对于这些值各公司的规定有所不同。随着产品大小的变化，这些值也会改变。学生可多参考别人绘制的模具图，另外要在实际设计中不断地积累经验。

3.5.2　模仁的固定

在模具加工现场，通常先在模架的定模板和动模板上分别用铣刀"开框"，然后将模仁装配进去。

开框的 4 个拐角通常有两种形式可供参考，如图 3-23 所示。

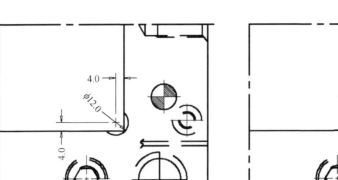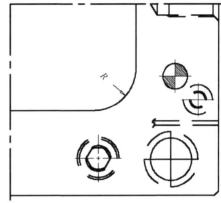

（a）避空角形式　　　　　　　　　　　　　　（b）R 角形式

图 3-23　开框拐角的形式

图 3-23（a）所示为避空角形式。一般来说，当模仁尺寸比较小时（小于或等于 1818）可采用避空角形式；当模仁尺寸比较大时（大于 1818），可采用如图 3-23（b）所示的 R 角形式。R 常取 8mm、13mm、20mm、16.5mm，具体随模架大小而定。采用 R 角形式很容易进行加工，对应的模仁四周也应倒圆角。

模仁通过螺钉固定在模板上，中等大小的模仁通常选用 M8 或 M10 的螺钉，小模仁可选用 M6 的螺钉。螺钉一般为 4～6 颗，且均匀布置在模仁四周，具体数量及规格视模仁的尺寸而定。出于方便加工考虑，螺钉的间距 L 首先考虑 20 的倍数，其次考虑 10 的倍数、5 的倍数。模仁固定螺钉的选择如图 3-24 所示。

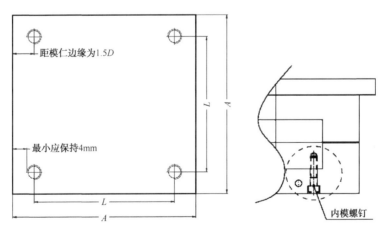

模料尺寸 A/mm	A<65×65	65×65<A<95×95	95×95<A<140×140	140×140<A<200×200	200×200<A<300×300	>300
螺钉规格	M6	M6	M8	M10	M12	M16
螺钉数量/颗	2	4	4～6	4～6	4～6	6～8

图 3-24　模仁固定螺钉的选择

3.6　模架的选择

前文介绍了模架的基本结构，那么在实际设计中该如何选择模架呢？

在选择二板模标准模架时，首先确定模架的类型，然后确定模架的尺寸。模架的类型前面已经介绍过了，这里不再赘述。模架的尺寸主要包括模具的长、宽，定、动模板的厚度（也就是 A 板、B 板的厚度），以及模脚的厚度。

例如，模架规格 SC1530A60B70C90 表示的意思如下。

SC——模架厂商的代号。

1530——模具的宽×长为 150mm×300mm。

A60——模具定模板的厚度为 60mm。

B70——模具动模板的厚度为 70mm。

C90——模具模脚的厚度为 90mm。

这些关键的尺寸怎样得出呢？在实际设计模具时，这些关键的尺寸多是凭借经验估算出来的，很少通过教科书中的公式计算，这个道理与前面所说的模仁尺寸确定一样。图 3-25 所示为模架尺寸确定的经验参数。

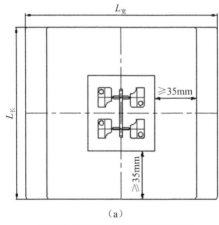

（1）模仁边沿到模板边沿的距离不小于35mm，常取50mm以上。

（2）定模仁底面到定模板底面之间的距离不小于20mm，常取30mm以上。定模仁嵌入定模板里面的厚度不得超过定模板厚度的2/3。

（3）动模仁底面到动模板底面的距离不小于30mm，常取35mm以上。动模仁嵌入动模板里面的厚度不得超过动模板厚度的2/3。

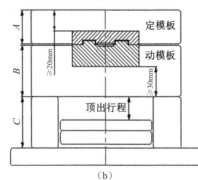

（4）顶出行程=产品的总高度+10～20mm的最小安全量。

（5）C板高度=顶出行程+上、下顶出板厚度（一般取40～45mm）+垃圾钉厚度（一般取5mm）。

图 3-25　模架尺寸确定的经验参数

需要说明的是，以上数据仅供参考，每个模具厂对具体参数的取值可能会有所不同。

根据以上经验值，很容易就能算出模架的长 $L_长$ 和宽 $L_宽$，定模板的厚度 A，动模板的厚度 B，以及模脚的厚度 C。需要注意的是，经计算所得的上述尺寸要取整数，然后可根据这些尺寸选择对应规格的模架。

思 考 题

产品图如图 3-26 所示，要求设计该产品的模具，具体要求如下：

（1）一模两腔；

（2）绘制模具组立图；

（3）采用模仁结构；

（4）按 1∶1 的比例绘图；

（5）不考虑缩水，不拔模。

本题重点考查学生对模仁结构设计、模架选择及基本排位等知识的掌握。

备注：不要求设计进胶、运水、顶出等系统，不要求标数，不要求给出明细表。

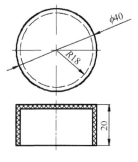

图 3-26 产品图

第4章 分型面设计

现在模具生产多采用模仁结构，模仁是注塑模具的核心组成部分，制品的成型部分就在模仁里面。制品的形状各异，对应的模仁结构复杂程度也不一样。对于模具加工来说，大部分加工时间都花费在模仁上。

实际上，不管模具有无采用模仁结构，制品在模具中成型部分的结构设计总是相同的。本章重点讲述成型零件设计的一些要点，包括拔模、分型面、镶件等。

4.1 拔模

4.1.1 拔模的必要性

一个简单的塑料盒子，其侧壁采用不同的形式设计，如图 4-1 所示。在模具中成型后，产品会包紧在定模仁上，如果要将其从定模仁上顶出来，采用哪种形式更容易实现呢？

图 4-1（a）和（b）的差别仅在于一个盒子的侧壁做了直身面，另一个盒子的侧壁倾斜了一定角度。根据日常生活经验，似乎采用如图 4-1（b）所示的形式，产品更容易从定模仁上顶出来；采用如图 4-1（a）所示的形式，产品会包得很紧，顶出相对困难。

实际情况也确实如此，只有在进行产品设计时侧壁倾斜一定角度，成型后产品才能更顺利地从模具中脱出，这种产品侧壁倾斜一定角度的做法被称为拔模，其对应倾斜的角度称为拔模角度。

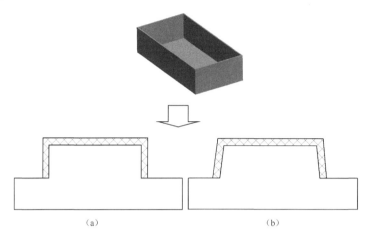

（a）　　　　　　　　　　　　　　　（b）

图 4-1　盒形零件侧壁形式

拔模角度是指在与模具表面直接接触并垂直于分型面的产品特征上设计一个倾斜角度，正是由于这个角度的存在，模具被打开的瞬间在塑件和成型零件之间产生间隙，从而让产品可以轻松地脱离模具。如果在设计中不考虑拔模角度，那么由于热塑性塑料在冷却过程中会收缩，从而紧贴在模具型芯上很难被顺利地顶出，即使顶出也可能会导致产品被拉伤或变形。

然而，产品拔模的方向是有讲究的，拔模方向不正确可能会导致模具无法加工或产品无法脱出模具。下面还以上述简单产品为例，分析一下其侧壁可能的拔模形式，如图 4-2 所示。

（a）　　　　　　　　（b）　　　　　　　　（c）　　　　　　　　（d）

图 4-2　侧壁拔模形式

仔细对如图 4-2 所示的 4 种侧壁拔模形式进行分析，即可发现如图 4-2（c）和（d）所示的拔模形式是错误的，因为产品拔模方向错误会导致在产品内壁形成倒扣，开模后产品顶不出来，就算被强行顶出来，产品也会被破坏或产生较大的变形，如图 4-3 所示。

由图 4-3 可以看出，在产品设计中拔模角度是十分重要的。一般来说，塑料产品最好在进行产品设计时就设计好拔模角度，这个工作应该由产品结构工程师来完成。产品结构工程师必须对模具结构和注塑成型工艺比较清楚，只有这样才能设计出结构合理的产品。

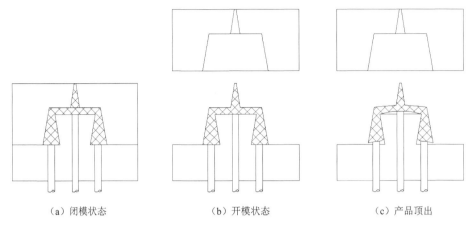

（a）闭模状态　　　　　　　　（b）开模状态　　　　　　　（c）产品顶出

图 4-3　拔模错误导致产品顶出变形

如果产品结构工程师不懂模具结构和注塑成型工艺，在设计过程中就需要与模具设计工程师进行沟通协调，互相交流学习，共同完成任务。所以有的公司在产品设计阶段就要求模具设计工程师参与进去，协同开发，保证产品结构是合理的、模具结构是最简单的，减少后期的修改次数，从而缩短设计周期，提高工作效率。

4.1.2　拔模角度的选取

拔模对产品来说很重要，它关系到产品能否顺利脱模。拔模后产品相关特征尺寸会发生变化，哪怕拔模角度很小，产品的尺寸也会发生变化。但塑料产品与其他产品一样，其尺寸都有一个公差范围，只要尺寸在合理的范围内波动，就可以满足要求。另外塑料本身就具有弹性，即使尺寸不像金属产品那样精准，也可以通过自身的塑性满足使用要求。

尽管如此，拔模角度还是应该在确保能脱模的情况下尽量小，这样造成的产品相关特征尺寸的变化就小。如果产品精度要求不高，则拔模角度可适当大一点，但也要根据拔模特征的厚度及高度具体分析选取多大的拔模角度。有的产品部分特征是用来定位或安装热熔螺母的，通常不允许拔模。

至于拔模角度的大小，这个问题比较灵活，不能做统一规定，应视产品具体结构来定。另外，产品所用塑料的种类、特性及产品表面精度要求等因素对拔模角度也有影响。通常来说，定模侧拔模角度比动模侧拔模角度大。通常建议定模侧拔模角度为 $1°\sim3°$，动模侧拔模角度为 $0.5°\sim2°$。

通常拔模角度取 $0.5°$、$1°$、$2°$。拔模角度的选取有以下几个原则。

（1）在不影响产品外观和功能的情况下拔模角度应尽量大。

（2）尺寸大的产品，应选取较小的拔模角度。

（3）形状复杂不易拔模的产品，应选取较大的拔模角度。

（4）收缩率大的产品，拔模角度应大。

（5）增强塑料宜选取大拔模角度，含有自润滑剂的塑料可选取小拔模角度。

（6）产品壁厚大，拔模角度也应大。

（7）产品精度要求越高，拔模角度应越小。

以上是拔模角度选取的一些原则，单就某个产品而言，在具体设计时以上各点可能会互相矛盾，这时就需要综合考虑多种因素，灵活运用。

4.2 分型面

4.2.1 分型面的位置

为了将产品从模具中取出，必须将模具分成两块或多块成型部分，这些成型部分的接触面就是分型面。如何来理解分型面呢？我们知道模具的动、定模部分相互扣合，中间形成一个空腔，往里面注入熔体，冷却后可形成产品。凡是有空腔的地方，动、定模部分肯定不接触，而其他地方的动、定模部分则是紧密贴合在一起的，这些贴合面就称为分型面。

从理论上来说，分型面可以选取在产品的任何地方，只要把动、定模部分的钢料拼凑起来，形成产品形状的空腔即可。然而事实上，由于受到种种因素的制约，分型面并不是随意选择的。图 4-4 所示为一个简单盒子不同位置的分型面。

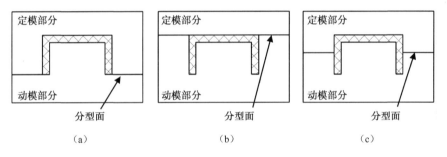

图 4-4 一个简单盒子不同位置的分型面

这 3 种分型面都可以使产品成型，但如图 4-4（b）所示的形式对应的动模部分不好加工，且产品顶出会比较困难；如图 4-4（c）所示的形式会在产品表面一周产生合模痕迹，即夹线，对产品外观有影响。所以只有如图 4-4（a）所示的形式是合理的。

选择的分型面不同，将直接导致模具的动、定模部分结构不同。选择分型面的过程其实就是确定模具结构的过程，确定产品哪些地方由定模部分成型，哪些地方由动模部分成型。在选择分型面时要考虑诸多影响因素，如产品顶出是否容易、好不好加工、有没有影响产品外观等。

在实际生活中，并非所有的产品都像盒子这样简单。产品往往是复杂多变、形态各异的，分型面也比较复杂，不是一看就清楚分型面是什么样子的，需要产品结构设计师仔细分析，边设计边思考，以选择最佳的分型面位置。

4.2.2 分型面的选择原则

对于一些复杂的产品，分型面的选择是一个相对烦琐的问题，受到许多因素的制约。所以在选择分型面时应抓住主要因素，忽略次要因素。不同的设计人员有时对主要因素的认识也不尽相同，这与设计人员自身的工作经验有关。有些产品分型面的选择简单、明确并且唯一，有些产品的分型面则有许多方案可供选择。把握好分型面选择时的一些注意事项及原则，有助于初学者合理地选择产品的分型面。

图 4-5 所示为一个四周倒圆角的产品，假设它的分型面有如图 4-6 所示的三种形式可供选择。

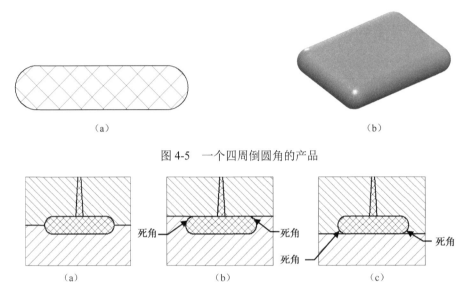

（a）　　　　　　　　　　　　　　　（b）

图 4-5　一个四周倒圆角的产品

（a）　　　　　　（b）　　　　　　（c）

图 4-6　不同位置的分型面

如图 4-6（b）所示形式的动模部分无法加工出来，即使能够加工出来，开模后倒扣的存在也会影响产品的顶出；如图 4-6（c）所示的形式与如图 4-6（b）所示的形式相同，产品不会随动模部分一起向下运动，而会留在定模侧，并且无法顶出；只有如图 4-6（a）所示的形式合理，分型面处于产品的最大外形轮廓线所在平面上，这样既不会影响产品的顶出，也容易加工，但会在产品圆角的分模处留下合模痕迹，影响产品外观，这是不可避免的。因此，在选择分型面时，要选沿产品开模方向的最大外形轮廓线所在平面，如图 4-7 所示。

图 4-7　在产品的最大外形轮廓线处分型

在产品的最大外形轮廓线处分型是选择分型面的一个最基本、最重要的方法。大多数壳类、盖状产品均可采用这种方法选择分型面。

分型面的选择原则如下。

1）有利于产品脱模

从产品脱模的角度来说，要尽量使产品留在动模侧，因为这样方便产品顶出。如果产品留在定模侧，那么无疑会增加模具的复杂程度。如图 4-8（a）所示的形式在开模后，由于存在抱紧力，产品将留在定模侧，所以没有如图 4-8（b）所示的形式好。

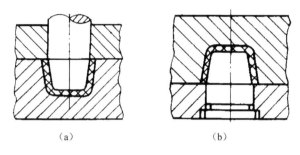

（a）　　　　　　　　　　（b）

图 4-8　开模后产品要留在动模侧

2）确保表面质量

对于绝大部分产品来说，外观面均要求严格，不得有合模痕迹，所以在选择分型面时应尽量避免使分型面走在产品的外观面上。如图 4-9（a）所示形式的分型面走在产品的外观面上，顶出后产品的外观面上将有一圈合模痕迹，所以应选择如图 4-9（b）所示的形式。

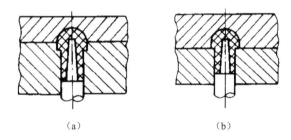

（a）　　　　　　　　　　（b）

图 4-9　分型面不能走在产品的外观面上

3）有利于模具加工

如图 4-10 所示，两种分型面所选择的位置不一样。如图 4-10（a）所示的形式对应的定模侧为一平面，好加工；如图 4-10（b）所示的形式对应的定模侧有一个凸起，不好加工。另外，如图 4-10（b）所示的形式还增加了产品留在定模侧的可能性，所以应选择如图 4-10（a）所示的形式。

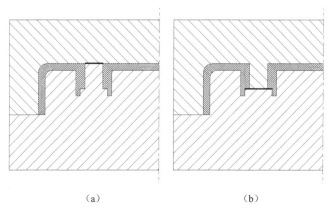

（a）　　　　　　　　　　（b）

图 4-10　分型面的选择要有利于模具加工

4）有利于排气

当将分型面作为主要排气渠道时，应将分型面设计在熔体的流动末端，以利于排气。如图 4-11（a）所示的形式排气效果就没如图 4-11（b）所示的形式好。

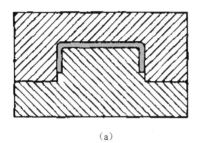
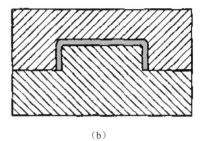

（a）   （b）

图 4-11　分型面的选择要有利于排气

5）有利于简化模具结构，并尽量避免侧向抽芯

分型面的选择应尽量避免形成侧孔、侧凹。如图 4-12（a）所示的形式分型面会形成侧凹，必须在侧向抽芯后才能够脱模；如图 4-12（b）所示的形式分型面无须侧向抽芯即可脱模。

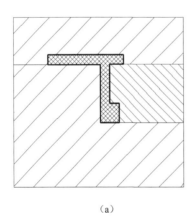
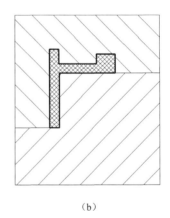

（a）   （b）

图 4-12　分型面的选择应尽量避免侧向抽芯

以上大致总结了在选择分型面时需要考虑的一些情况，因产品的形状千差万别，此处不一一介绍，具体分型面的选择还有待读者在工程实践中不断地积累经验，学习提高。

4.2.3　模具定位设计

对于一些对精度要求较高的模具，以及分型面为大曲面或分型面高低距较大的模具，可考虑对模具进行定位设计。承担模具定位功能的结构在模具中有一个专门的术语——管位，如图 4-13 所示。

管位的结构形式可以是虎口形、长条形、圆柱形等，无论是何种形式的，它总是在一块模板（如定模板）上凸起来，而在另一块模板（如动模板）上凹进去。

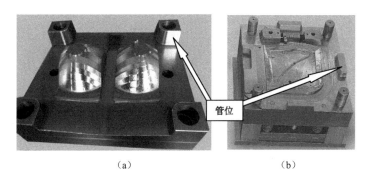

（a）　　　　　　　　　　　　　（b）

图 4-13　管位

从理论上来讲，模具最好都做管位，但有些模具厂出于对模具材料成本和加工成本的考虑，对一些产量不大、对精度要求比较低的简单模具，不专门做管位，而依靠模架自身的导柱、导套来定位。

在实际工程中，虎口形管位应用得比较广泛。虎口形管位做在模板上和模仁上都可以，可以单独做，然后镶嵌上去，也可以原身留，但实际上很少采用镶嵌的方式。

图 4-14 所示为一种虎口形管位设计细节。虎口尺寸根据模仁尺寸而定，若模仁的长和宽小于 200mm，则做 4 个 15mm×8mm 的虎口，倾斜角度约为 10°；若模仁的长和宽大于或等于 200mm，则其虎口尺寸不小于 20mm×10mm。

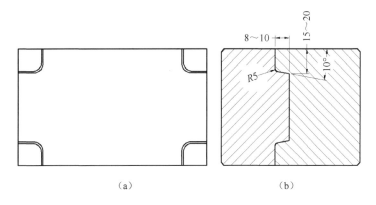

（a）　　　　　　　　　　　　　（b）

图 4-14　一种虎口形管位设计细节

虎口的排布原则上要尽量平衡对称，至于模仁上的虎口是做凹进去的还是凸出来的，需要具体问题具体分析，以省材料、加工方便为原则，通常动模仁上的虎口凸出来，定模仁上的虎口凹进去。为防止模仁装反，虎口要做防呆处理，即其中一个作为基准的虎口尺寸跟其他虎口的尺寸不一样，这样装配的时候就不容易出错。

虎口的倾斜角度一般取 3°～10°，在没有插穿的情况下，可以自由选取，通常取 10°；在有插穿的情况下，虎口的倾斜角度不能大于插穿角度，这也是插穿角度一般大于 3°的原因之一（插穿角度一般取 3°～5°）。

4.3 镶件

4.3.1 镶件的做法

用来成型产品的部分是动模仁和定模仁，然而绝大多数情况下，动模仁、定模仁并非"铁板一块"，其内部是由众多的镶件构成的，正如计算机键盘一样，看似一个整体，里面却是由一个一个的按键构成的。镶件是构成模仁的一系列拼接件，在复杂的模仁结构中，往往要根据需要设计许多镶件。其实模仁本身相对于整个模具来说就是一个大镶件。

图 4-15（a）所示为一个整体模仁，将凸起部分拆成镶件再装配进去，如图 4-15（b）所示。两种结构形式虽有区别，但它们具备的成型功能是一样的。下面举例说明模仁拆镶件的情况，在模仁有比较明显的凸起部分的时候，通常为了方便加工及方便维修模具，需要把凸起部分设计成镶件形式。设计镶件与没设计镶件的区别如图 4-16 所示。

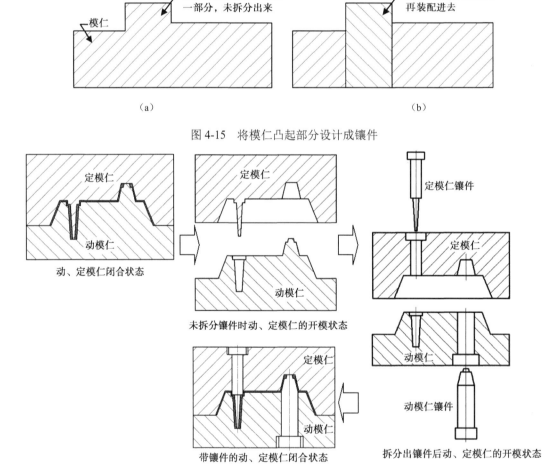

图 4-15 将模仁凸起部分设计成镶件

图 4-16 设计镶件与没设计镶件的区别

由图 4-16 可以看出，动、定模仁不一定就是一个整体，其内部可根据需要拆分出各种形式的镶件，由镶件和模仁的其他部分构成成型产品的模具型腔壁。镶件和动、定模仁可以分别备料加工，然后装配在一起。

4.3.2　设计镶件的意义

为什么模仁结构内部要设计镶件呢？这和许多因素有关，如为了降低成本，为了加工方便或排气需要等。通常设计镶件有以下几方面的意义。

1）方便加工与维修

模具的结构是相当复杂的，在加工过程中，往往会遇到一些复杂、形状特殊的结构，这些结构加工困难，并且不易维修。对于这些结构，可以用设计镶件的方法来降低其加工与维修难度。如图 4-17（a）所示，在模仁曲面上有一个柱形凸起，凸起与曲面交接处直接加工比较困难，如图 4-17（b）所示，故可将其设计成镶件形式，如图 4-17（c）所示。

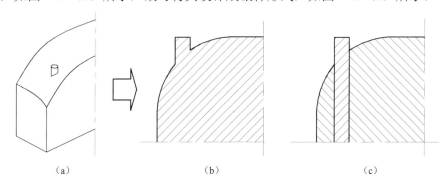

（a）　　　　　　　　　　　　（b）　　　　　　　　　　　　（c）

图 4-17　把不方便加工的凸起部分设计成镶件形式

2）便于成型和脱模

如果产品中有较深的筋或其他不易成型的结构，那么这些结构在成型时易造成射不饱、烧焦、接痕等缺陷。设计成镶件形式可以有效地解决这一问题，镶件周边的间隙不仅有利于成型时的排气，而且可以防止产品在脱模时出现真空黏模现象。

如图 4-18（a）所示的结构，筋太深且薄，如果不拆成镶件，则容易造成射不饱、烧焦缺陷；如图 4-18（b）所示的结构，若不拆成镶件，则容易出现包风现象，而且在顶出产品时会因存在真空而顶不出。

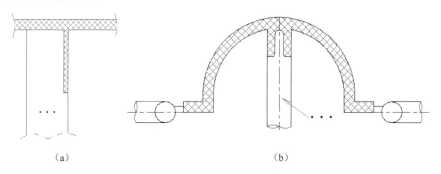

（a）　　　　　　　　　　　　　　　（b）

图 4-18　为方便成型和脱模设计成镶件形式

3）增加模具强度

当模仁或滑块等成型零件上有小面积插破（或靠破）时，为了增加模具强度，延长模具寿命，可以把插破（或靠破）处拆成镶件，用较好的材料替代。

如图 4-19 所示的结构，若不拆成镶件，则插破处很薄，使用一般材料难以满足强度要求，将其拆成镶件，用较好材料（如弹簧钢）替代，可以增加模具强度。

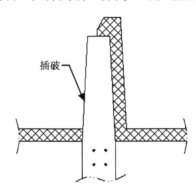

图 4-19　把插破处拆成镶件

4）节省材料，降低加工成本

在模仁或滑块等成型零件上，当部分结构高出其他平面很多，或者不利于加工时，可以将其拆镶件，以节省材料，降低加工成本，否则备料尺寸将增加，浪费材料，加工费时，成本将升高。

在拆分模仁中的镶件时，应在尽可能满足客户对产品的外观要求和保证良好的产品成型质量的情况下，力求加工方便、节约材料、降低成本。在拆分模仁中的镶件时应考虑以下几点。

（1）对一个产品来说，具体什么部位需要拆成镶件，主要根据实际加工现场的加工能力及产品的具体结构而定。一般来说，形状复杂、加工困难、不易成型或有多处配合需要多次修配的地方要考虑拆成镶件。

（2）产品的外观面尽量不要拆成镶件，以避免在产品外观面上产生合模痕迹，如果必须拆成镶件，则必须与客户确认镶件的拆法后方可进行拆分。

（3）对于大型的拼装模具，镶件的形状应尽可能规则，并且长、宽尺寸尽可能取整数，以减少由机械精度等原因造成的加工误差，有效防止组装偏位造成的合模困难。

（4）当产品的结构中存在通孔和盲孔时，对应成型位置一般要设计成镶件形式。

4.3.3　镶件的固定

镶件的固定一般来说有两种方法：一种是采用镶件自身所带的挂台固定；另一种是用螺钉固定。当镶件较小时用挂台固定，当镶件较大时最好用螺钉固定。当然，在有些情况下，也可兼用两种方法。表 4-1 所示为镶件固定的几种常用方法。

表 4-1 镶件固定的几种常用方法

简　图	说　明
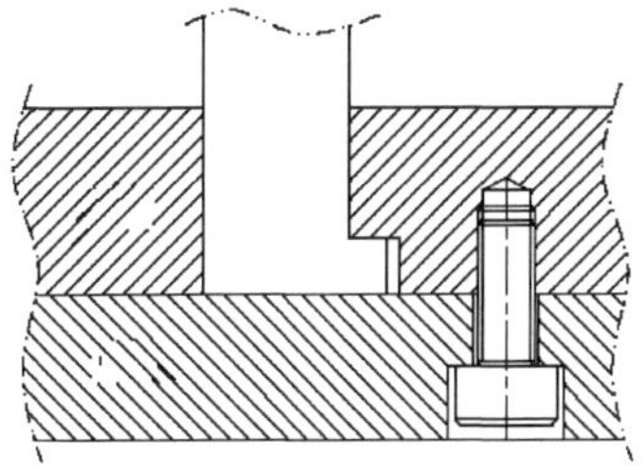	这是常用的镶件固定方法，结构简单，加工方便，应用较为广泛。固定板上对应于镶件挂台的地方要做 0.6～1mm 的避空，主要目的是方便装配
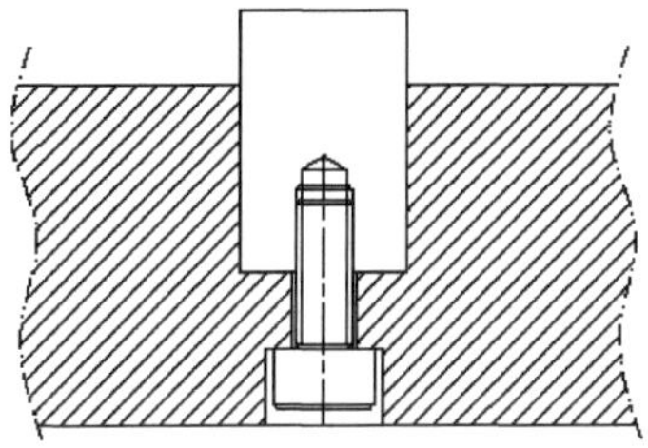	镶件直接用螺钉固定也是一种常用的镶件固定方法，主要在镶件较大时使用，结构简单，加工方便
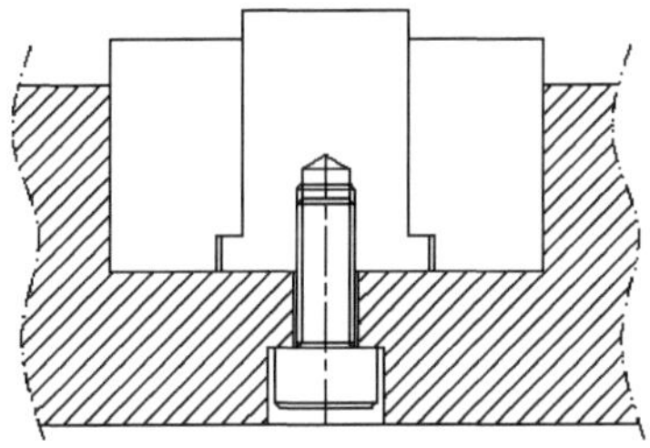	挂台和螺钉同时使用的情况也较常见，主要用于连拆镶件的情况，镶件比较大，结构简单，加工方便，但镶件不易安装
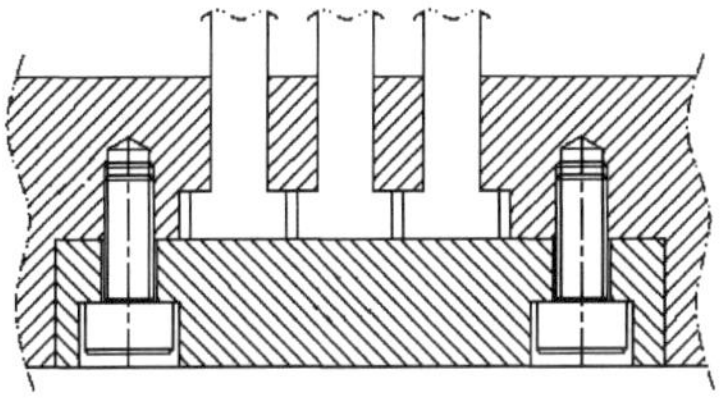	当圆形镶件比较多且密集排列时，为了防止镶件转动，可以磨掉镶件轴肩一侧，使其以平面互相接触。如果镶件不能紧靠在一起排列，则可以用定位销来防止其转动
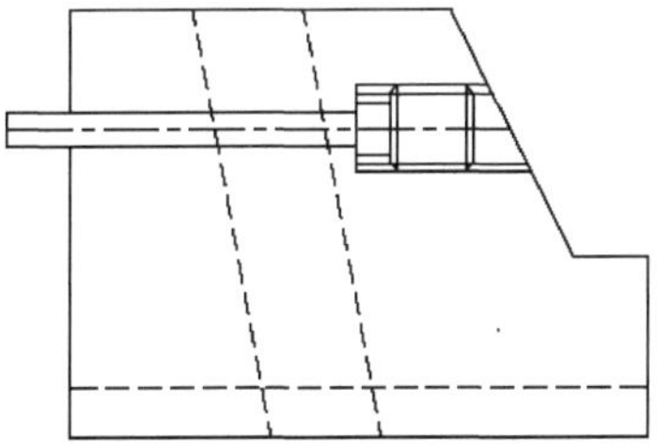	用自攻螺钉顶紧固定也是一种常用的镶件固定方法，多用于圆形细小镶件且镶件数量较少的情况，在模仁或滑块上应用较多，结构简单，加工方便

4.3.4　靠破、插破与枕位

带通孔的塑料产品如图 4-20 所示。成型通孔涉及两个专业术语"靠破"和"插破"，下面对其进行解释。

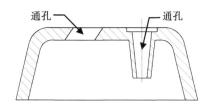

图 4-20 带通孔的塑料产品

图 4-20 所示的产品顶面有两处通孔，在成型时，动、定模仁在这里相碰，即这两个地方都将被金属占据。图 4-21 所示为产品模具成型示意图。

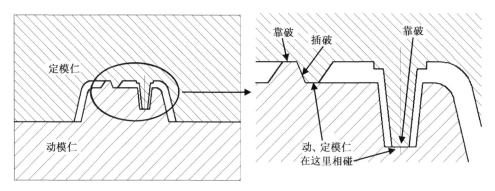

图 4-21 产品模具成型示意图

如图 4-21 所示，我们可以看到动、定模仁有些部分是相碰的。没有拔模角度的相碰称为靠破，也称为碰穿；有拔模角度的相碰称为插破，也称为插穿。

如果产品侧边上出现断差，如图 4-22（a）所示，则在做分型面时为了更好地封胶，分型面需要沿着断差横向拉出来一段距离，这段距离称为枕位，如图 4-22（b）所示。枕位距离一般取 5～8mm。

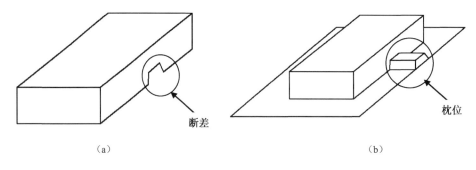

（a）　　　　　　　　　　　　　　　　（b）

图 4-22 枕位成型产品侧面段差

思 考 题

1. 请绘出如图 4-23 所示的产品 1 的分型面。

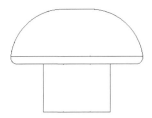

图 4-23 产品 1

2. 请绘出如图 4-24 所示的产品 2 的分型面。

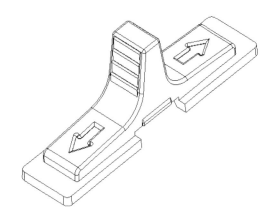

图 4-24 产品 2

第5章 浇注系统设计

5.1 浇注系统的构成

浇注系统又称进胶系统，是指熔体从注塑机的喷嘴流动到模具型腔所经过的一个通道。这个通道在模具中充当一座"桥梁"，把模具型腔与外部的注塑机连在一起，使得流动的熔体能对模具型腔进行填充。

浇注系统在模具结构中的作用：引导熔体平稳地进入型腔，使之按要求填充型腔的每个角落；使型腔内的气体能顺利地排出；在熔体填充型腔凝固的过程中，能充分地把压力传到型腔各部位，以获得外形清晰、尺寸稳定的塑料产品。

浇注系统由主流道、分流道、冷料井、浇口四大部分构成。图 5-1 所示为一套模具组立图中的浇注系统。

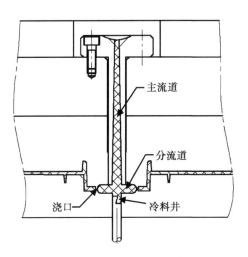

图 5-1　一套模具组立图中的浇注系统

　　为了更清楚地显示浇注系统的结构，将凝固后的塑料（包括浇注系统凝料和产品）从模具中取出来，整个浇注系统的结构如图 5-2 所示。

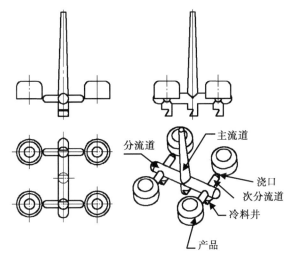

图 5-2　整个浇注系统的结构

5.2　主流道设计

　　主流道是熔体到达模具型腔必须通过的第一个通道，也就是浇口套里面的那个锥形通道。由于绝大多数模具厂使用的浇口套是直接购买的标准件，因此设计主流道其实就是确定浇口套的规格和相关尺寸。图 5-3 所示为常用的三种浇口套。

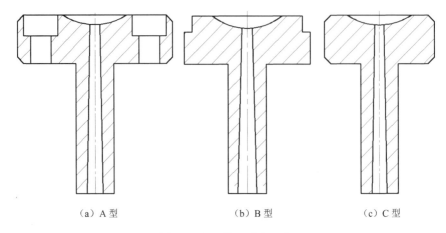

（a）A 型　　　　　　　　（b）B 型　　　　　　　　（c）C 型

图 5-3　常用的三种浇口套

一般情况下，浇口套是和定位环组合使用的。常用的浇口套和定位环的组合形式有两种：一种如图 5-4 所示，这种形式比较常见，定位环内孔呈锥形，用两个 M6 螺钉锁定在定模底板上，需要注意的是，螺钉要沉下去 5～8mm；定位环的中心线一般与模具中心线对齐。另外，在上固定板上安装定位环的孔比定位环直径稍大，一般大 0.02～0.03mm。浇口套用定位环压住，防止倒退，若浇口套需要防转，则可用销钉做防转设计。为保证浇口套可以顺利安装，浇口套与定模底板单边要有 0.5mm 的间隙。

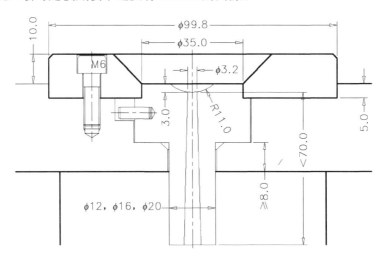

图 5-4　浇口套与定位环的组合形式（一）

另一种如图 5-5 所示，这种形式的定位环是直身型的，浇口套用螺钉锁定在定模板上，这样可有效地缩短主流道的长度。

常用的浇口套直径为φ12mm、φ16mm、φ20mm，而定位环的直径为φ60mm、φ100mm、φ120mm、φ150mm，可根据需要进行选择。在实际设计时，请参考浇口套和定位环标准件的具体尺寸。

还有很多种浇口套和定位环的组合形式，但是相对前述两种来说不常见，因此不一一介绍。

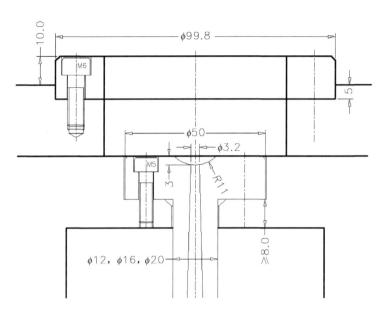

图 5-5　浇口套与定位环的组合形式（二）

5.3　分流道设计

分流道是从主流道末端开始到浇口为止的熔体流动通道，是熔体从浇口套出来后进入模具型腔前的过渡段，起改变熔体流动方向并向各型腔均匀输送熔体的作用。

为达到要求的成型效果，要求熔体在沿分流道流动时温度下降尽量小、压力损失尽量小。从这个角度来看，分流道的长度应尽量短，截面积应尽量大，但为了减少浇注系统的回料量，分流道尺寸也不能太大，否则废料会很多。因此，在实际设计时应结合产品壁厚、形状、结构复杂程度、型腔数目等具体情况综合考虑。

5.3.1　分流道的截面

常用的分流道截面形状一般有 4 种：圆形、U 形、梯形和半圆形。

1. 圆形截面

圆形截面如图 5-6 所示，圆形截面的分流道应用最广泛，它具有压力损失和温度损失小的特点，非常有利于熔体的流动及其压力的传递。但由于圆形截面的分流道需要在分型面两侧分别开设，而且要求互相吻合，故加工较困难且加工量大。

D 常用的尺寸有（4mm）、5mm、（6mm）、7mm、（8mm）、9mm、（10mm）、（12mm）等。其中，（）里面为最常用的尺寸。此外，主分流道（第一分流道）一般比次分流道（第二分流道）大一个等级。例如，当主分流道直径为 8mm 时，次分流道直径就为 6mm。如果产品所用材料熔体不易流动，且产品较大，则可选用较大的直径尺寸，反之则选较小的直径尺寸。

2. U 形截面

U 形截面如图 5-7 所示，U 形截面的分流道用得也比较多，它比圆形截面的分流道容易加工，且其黏模力也不大，加工时可用斜度铣刀在一块板上铣出来。其斜度一般取 5°～10°，*D* 常用的尺寸有（4mm）、5mm、（6mm）、7mm、（8mm）、9mm、（10mm）、（12mm）等。其中，（）里面为最常用的尺寸。

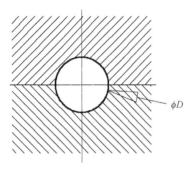

图 5-6　圆形截面

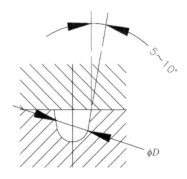

图 5-7　U 形截面

3. 梯形截面

梯形截面如图 5-8 所示，梯形截面的分流道也很常用，它比圆形截面和 U 形截面的分流道都好加工，可用斜度铣刀在模板上加工出来。在细水口模具中大多采用梯形截面的分流道。其斜度一般取 5°～10°，*R* 一般取 1mm。

W 常用的尺寸有（4mm）、5mm、（6mm）、7mm、（8mm）、9mm、（10mm）、（12mm）等，*H* 常用的尺寸有 3mm、3.5mm、（4mm）、（5mm）、5.5mm、（6mm）、7mm、（8mm）等。其中，（）里面为最常用的尺寸。

4. 半圆形截面

在实际加工现场，为了加工方便，经常使用半圆形截面的分流道，其具体尺寸要求跟圆形截面的分流道一样，只不过它仅开设在一侧模板上。半圆形截面如图 5-9 所示。

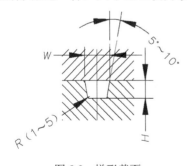

图 5-8　梯形截面

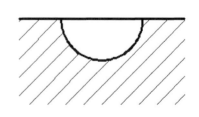

图 5-9　半圆形截面

以上列举了常用的 4 种截面形状的分流道，此外还有方形截面、椭圆形截面的分流道等，这些截面形状的分流道由于加工麻烦，流道性能也不好，实际应用较少。

5.3.2　分流道的走向布置

在一模多腔的模具中，分流道的设计面临如何使熔体同时填充所有型腔的问题。如果所有型腔体积、形状相同，则分流道最好采用等截面和等距离形式；反之，则必须在流速相等的条件下，采用不等截面来达到流量不等的目的，从而实现型腔同时填充，还可改变流道长度来调节阻力大小，保证型腔同时填充。

分流道有两种布置方式：平衡式和非平衡式。在设计时应尽量考虑采用平衡式分流道，实在不行，再采用非平衡式分流道。

平衡式分流道是指在一模多腔情况下，从主流道末端到单个型腔的分流道的长度及截面尺寸都是对应相等的。这种设计可使熔体均衡地充满各个型腔。在加工平衡式分流道时，应特别注意各对应尺寸的一致性，否则就达不到均衡进料的目的。平衡式分流道如图 5-10 所示。

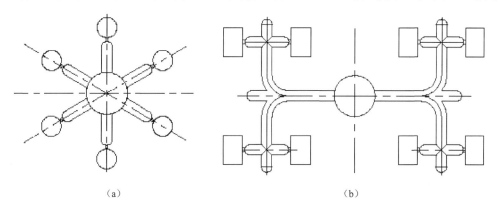

（a）　　　　　　　　　　　　　　　（b）

图 5-10　平衡式分流道

在有些情况下，无法采用平衡式分流道，只能采用非平衡式分流道。非平衡式分流道是指从主流道末端到各个型腔的分流道的长度各不相等，如图 5-11 所示。由于产品充模时间不一致，必定会导致生产出的产品有差异，对于要求高的产品，这是不允许的。但有时采用非平衡式分流道，产品会排得比较紧凑、所占的模具空间小、成本低、充模速度快、压力损失小，故对要求不高的产品，可采用这种形式。

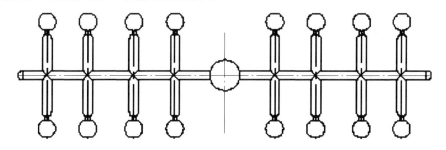

图 5-11　非平衡式分流道

在采用非平衡式分流道时，可通过改变不同型腔的浇口尺寸及流道尺寸来实现模具型腔均衡地同时被充满。

5.4 冷料井设计

冷料井又称为冷料穴，位于主流道和分流道末端，用来储存料流前锋的冷料，防止冷料充入模具型腔而影响制品质量，如图5-12所示。冷料井分为主流道冷料井和分流道冷料井。

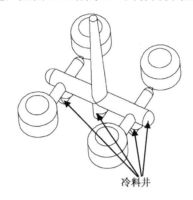

冷料井

图 5-12 冷料井

主流道冷料井位于主流道末端，其底部由拉料杆头部构成，如图5-13所示。拉料杆的作用是抓住流道使其脱出浇口套，黏附在动模侧（这样才不至于吸定模），还兼具把浇注系统凝料顶出模具的功能。

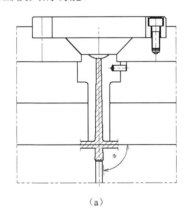
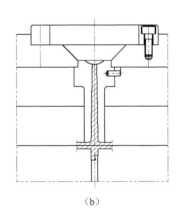

（a）   （b）

图 5-13 主流道冷料井

拉料杆通常由顶针加工而成，根据拉料杆头部形状不同，主流道冷料井的结构有所不同。常用的拉料杆头部形状如图5-14所示。

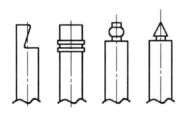

图 5-14 常用的拉料杆头部形状

主流道冷料井的形状大体上为圆柱形，其直径一般与分流道直径相等或比其稍大一点，深度一般为 5～10mm。在实际设计中常采用 Z 形头拉料杆，其设计细节如图 5-15 所示。

分流道冷料井位于分流道末端，其长度一般为 5～8mm，如图 5-16 所示。

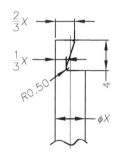

图 5-15　Z 形头拉料杆

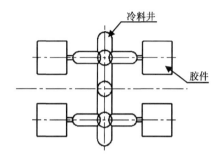

图 5-16　分流道冷料井

5.5　浇口设计

浇口是连接分流道与型腔的通道，是熔体进入模具型腔的最后一道"门"，其作用如下。

（1）使由分流道输送来的熔体在进入型腔时产生加速度，从而快速充满型腔。

（2）成型后浇口处塑料首先冷凝，以防止熔体倒流，避免型腔压力下降过快，以致在产品上产生缩孔和凹陷等缺陷。

（3）成型后便于浇注系统与产品分离。

浇口有很多种，有直接式浇口、侧浇口、潜伏式浇口、针点式浇口、护耳式浇口、扇形浇口、环形浇口、轮辐式浇口、爪形浇口等。本节重点介绍常用的直接式浇口、侧浇口、潜伏式浇口。

5.5.1　直接式浇口

采用直接式浇口，熔体从主流道直接进入型腔，而不经过分流道。直接式浇口如图 5-17 所示，其尺寸较大，压力及热量损失较小，较易成型，适用于任何塑料产品成型，常用于大型、单一、较深的塑料产品（如水桶、垃圾箱、垃圾筒等）成型。

采用直接式浇口，产品被顶出后浇口与产品连接面积比较大，即使将浇口切断，也会在产品表面留下疤痕，影响产品外观。所以直接式浇口的位置选择比较重要，要尽量选在不影响产品外观的地方。

在设计直接式浇口时应注意主流道的根部不宜太粗，否则该处的温度高，容易产生缩孔缺陷。在成型薄壁产品时，浇口根部的直径不应超过产品壁厚的两倍。为防止冷料进入模具型腔，一般要在中心底部设置一个球形冷料井，并在浇口位置处定模侧留出一个平台，如图 5-18 所示，以保证切断浇口后残留水口不高于产品表面。

图 5-17　直接式浇口

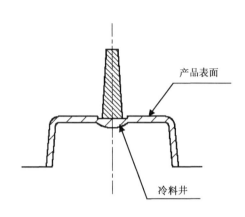

图 5-18　直接式浇口底部的冷料井

5.5.2　侧浇口

侧浇口的形状比较简单，加工方便，应用很广泛，如图 5-19 所示。侧浇口适用于众多注塑产品的成型，几乎各种塑料产品成型都可以使用这种浇口形式。侧浇口特别适合用在一模多腔的模具中。采用侧浇口，产品在顶出后也需要进行后处理，并且不可避免地会在产品上留下浇口痕迹。因此，在保证成型效果的前提下，应尽可能将侧浇口开设在产品上不引起注意的部位。

（a）

（b）

图 5-19　侧浇口

侧浇口一般开在分型面上，并从边缘进料，既可开设在定模侧，如图 5-20 所示，也可开设在动模侧，如图 5-21 所示，这需要根据具体情况而定。通常来说，侧浇口开设在定模侧，浇口痕迹会留在产品的外观面上，剪切浇口相对简单；侧浇口开设在动模侧，浇口痕迹留在侧壁底部，剪切浇口相对麻烦。

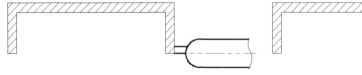

图 5-20　侧浇口开设在定模侧

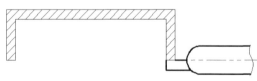

图 5-21　侧浇口开设在动模侧

注意：侧浇口深度尺寸的微小变化可使塑料熔体的流量发生较大改变，所以侧浇口的尺寸精度对生产效率有很大影响。

图 5-22 所示为常采用的侧浇口设计详图。

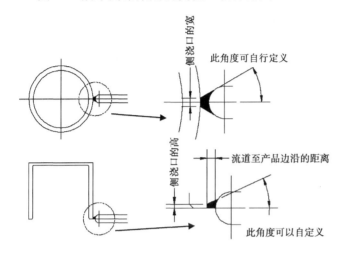

侧浇口的高一般为0.25～1.5mm，常用尺寸有0.5mm、0.8mm、1mm、1.2mm。

侧浇口的宽一般为0.5～2mm，常用尺寸有 0.8mm、1mm、1.2mm、1.5mm、2mm。

注意：为方便加工和维修，侧浇口的高和宽应偏小一点。

流道至产品边沿的距离一般为0.8～3mm。常用尺寸有1.2mm、1.5mm、2mm、2.5mm、3mm。

注意：流道至产品边沿的距离应偏大一点。

图 5-22　常采用的侧浇口设计详图

5.5.3　潜伏式浇口

对外观及质量要求较高的产品，其表面不能有明显的浇口痕迹，此时可考虑采用潜伏式浇口。潜伏式浇口通过隧道的形式把浇口开设在产品的内表面、侧表面或外表面看不见的肋或柱上，如图 5-23 所示。潜伏式浇口可以做得很小，如果产品表面是纹面，特别是较粗的纹面，那么浇口痕迹很隐蔽，几乎是看不出来的。同时在进行注塑生产时，潜伏式浇口会自动切断，无须进行后处理，具备自动化生产的条件。因此，这种形式的浇口应用广泛。

潜伏式浇口有很多种，根据产品的不同情况可灵活地选用。图 5-24 所示为常采用的一种顶针式潜伏式浇口原理图，潜伏式浇口开在顶针上。

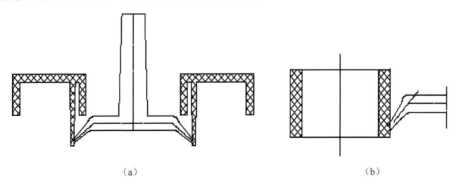

(a)　　　　　　　　　　　　　　　　　　(b)

图 5-23　潜伏式浇口

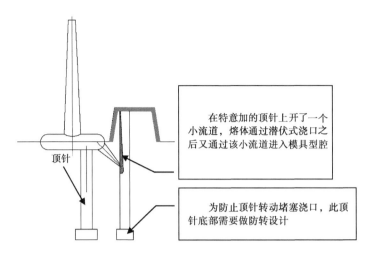

图 5-24　常采用的一种顶针式潜伏式浇口原理图

图 5-25 所示为两种具体的潜伏式浇口设计详图，图 5-25（a）所示为顶针式潜伏式浇口结构，图 5-25（b）所示为普通产品侧壁进胶潜伏式浇口结构。

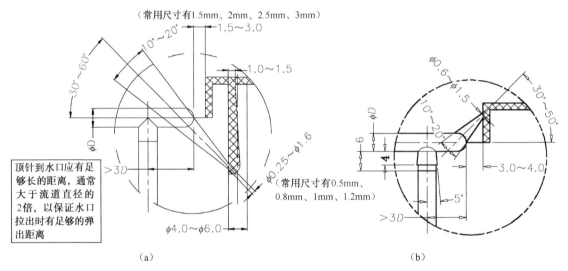

图 5-25　两种具体的潜伏式浇口设计详图

5.6　浇口位置的确定

浇口形式的选择、数量的多少、位置的确定都关系到产品的成型质量，是进行模具设计首先要思考的问题。浇口形式可以在常用的几种浇口形式中选择，浇口数量由产品的形状与大小决定，并且要有合适的进胶位置，所以浇口位置的确定就显得尤为重要。

从填充角度上来说，浇口位置可以任意选取，只要熔体能注入模具型腔就行。但实际上由于种种条件的限制，如产品外观要求、产品功能要求、是否便于模具加工、浇口是否容易去除等，其位置往往需要设计人员仔细推敲确定。

以下提供一些浇口位置确定的注意事项，仅供参考。

（1）浇口应尽量开设在不影响产品外观的位置，尽量选择在分型面上，以便于模具加工及使用时浇口的清理。

（2）浇口应开设在产品截面最厚处，这样有利于熔体填充及补料。如图 5-26（a）所示，浇口开设在薄壁处，由于产品厚薄不均匀，收缩时得不到补料，产品会产生凹痕等缺陷；如图 5-26（b）所示，浇口开设在厚壁处，浇口处冷却较慢，产品内部容易得到补料，故不易产生凹痕等缺陷。

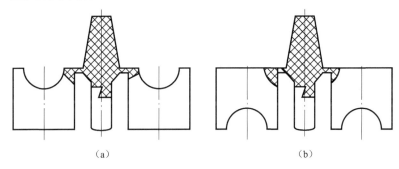

（a）　　　　　　　　　　　　　（b）

图 5-26　浇口位置

（3）浇口到型腔各个部位的距离应尽量一致，并应使熔体充模流程最短，流向变化最小，能量损失最小，一般浇口处于产品中心处充模效果较好。图 5-27（a）中浇口未处于产品中心，产品成型后变形量大；图 5-27（b）中浇口处于产品中心，充模效果较好。

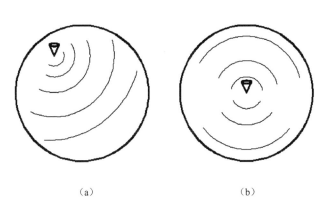

（a）　　　　　　　　　　　　　（b）

图 5-27　浇口尽量处于产品中心

（4）对于有型芯或镶件的产品，特别是有细长型芯的筒形产品，浇口位置应当离细小的型芯或镶件较远，以避免熔体直接冲击导致型芯或镶件变形。

（5）浇口数量切忌过多，浇口数量增加，熔接痕数量就会增加，如图 5-28 所示。如无特殊需要，不要设置两个以上浇口。

（6）浇口应开设在正对型腔壁或粗大型芯的位置，使高速熔体流直接冲击在型腔或型芯壁上，从而改变流向、降低流速，平稳地充满型腔，如图 5-29 所示。

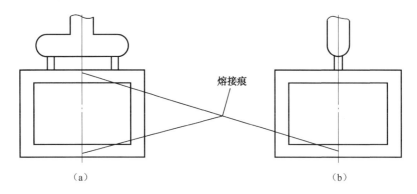

图 5-28 熔接痕数量随浇口数量增加而增加

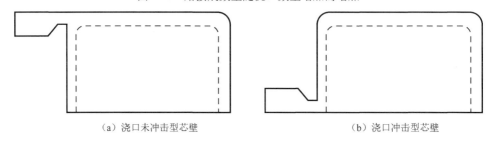

（a）浇口未冲击型芯壁　　　　　　　　　　　（b）浇口冲击型芯壁

图 5-29 浇口正对大型芯

（7）浇口的位置应有利于型腔内气体的排出，若进入型腔的熔体过早地封闭了排气系统，则会使型腔中的气体难以排出，从而影响产品质量。

（8）浇口的位置应避免引起熔体断裂的现象。当小浇口正对着宽度和厚度很大的型腔时，高速熔体通过浇口时会受到很大的剪切应力，由此产生喷射和蠕动等熔体断裂现象，喷射的熔体易造成折叠，从而使产品上产生波纹痕迹。

（9）塑料熔体在通过浇口高速射入型腔时会产生定向作用，因此浇口的位置应尽量避免高分子的定向作用对产品产生不利影响，而应利用这种定向作用对产品产生有利影响。

以上简述了浇口位置确定的一些要点，面对不同的产品，在应用时可能会产生矛盾，这需要根据实际情况灵活处理。具有丰富经验的模具设计师往往能根据不同产品的特点确定合理的浇口位置。但对于初学模具设计的人来说，面对一个产品，能准确而快速地确定其浇口位置并不是一件容易的事情，因为其缺乏实际设计经验。知识的掌握、经验的积累皆需要一个过程，希望读者能多参考别人设计的模具，多到加工现场去了解模具结构，多积累设计经验。

5.7 排气系统的设计

合理的排气系统对产品成型质量有重要影响，如果模具的排气系统不通畅，则可能产生填充不足、熔接痕、烧伤等成型缺陷。排气的方式主要有以下几种。

（1）利用排气槽排气。排气槽一般设在流道的末端及型腔最后被充满的部位。排气槽的深度因塑料的不同而异，基本上根据塑料不产生飞边时所允许的最大间隙来确定，如图 5-30所示。

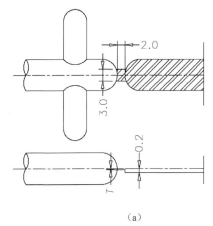
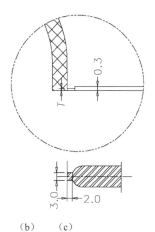

材料	T/mm	材料	T/mm
PE	0.02	PMMA	0.02
PP	0.01~0.02	PA	0.01
PS	0.02	PPS	0.02
SB	0.02	PC+GF	0.02
ABS+GF	0.02	PC	0.015
ABS	0.015	PBT	0.01
PPO	0.02	SAN	0.02
POM	0.01		
POM+GF	0.015		

（a）　　　　　　　　　　　　　　　　　（b）　（c）

图 5-30　排气槽

（2）利用镶件、顶针或专用的透气材料排气。这种方式应用较多，因为镶件和顶针孔之间都有间隙，都可以进行排气。所以对大多数普通模具来说（除特殊情况以外），一般不特地设计排气槽。

思　考　题

产品图如图 5-31 所示，要求设计该产品的模具浇注系统，具体要求如下：
（1）一模两腔；
（2）按 1∶1 的比例绘图；
（3）产品不考虑缩水，不拔模；
（4）进胶方式限定为侧浇口进胶。
备注：不要求设计运水、顶出等系统，不要求标数，不要求给出明细表。

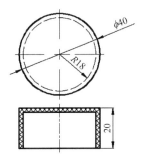

图 5-31　产品图

第6章 顶出系统设计

产品成型之后如何从模具中取出来？模具中承担取出产品任务是顶出系统。顶出系统要保证产品能从模具中安全、顺利、无损伤地取出来，除此之外顶出系统还须保证在模具闭合时能不与其他零件发生干涉地恢复到顶出前的初始位置，以便能够不断地进行成型加工。

6.1 顶出过程

产品从注射到冷却成型后顶出是一个完整的过程，其中包括三个环节：合模、开模、顶出。下面简单介绍这个过程。

1. 合模

在注塑机的压力作用下，模具的定模部分与动模部分紧密贴合的过程称为合模，如图 6-1 所示。这个过程包括注塑机对模具型腔的注射填充及塑件的冷却成型等。

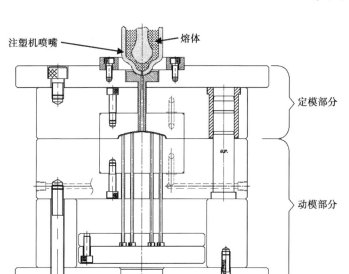

图 6-1　合模

2. 开模

注塑冷却成型完毕之后，模具的动模部分在注塑机动模板的带动下与定模部分分开，产品留在动模侧，实现开模，如图 6-2 所示。

3. 顶出

当开模至一定距离后（由注塑机控制），注塑机动模板将停止不动，而注塑机的顶棍将推动模具的顶出板运动，顶出板上固定的顶出机构（如顶针等）将随顶出板一起运动，从而把产品顶出，如图 6-3 所示，被顶出的产品在自身的重力作用下自动掉落或由机械手取走。顶出产品后，模具又开始合模、注塑成型，周而复始，从而实现连续生产。

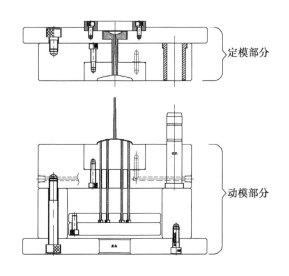

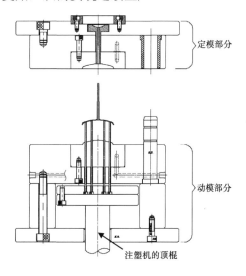

图 6-2　开模　　　　　　　　　　　　　　图 6-3　顶出

以上就是产品的顶出过程，在设计时还需要细化以下几个方面。

（1）产品的留模形式。

产品的留模形式指的是产品是留在定模侧还是留在动模侧。通常注塑机的顶出机构是设置在动模侧的，因此大多数模具的顶出系统安装在模具的动模侧。产品要尽可能留在动模侧，否则模具结构将趋于复杂。

（2）采用何种顶出方式。

顶出方式有很多种，要根据不同产品的要求有针对性地选择顶出方式。在保证产品能够安全、顺利顶出的前提下，顶出系统要简单实用、灵活可靠。

（3）要顶出多长的距离。

要明确产品顶出多长的距离才能够顺利地从模具中脱出，即要计算顶出行程。

（4）顶出板如何复位。

产品顶出后，顶出板要复位，这样才能满足连续性生产要求。

6.2　常用顶出机构

6.2.1　顶针

顶针又称为顶杆、推杆、顶出销等。顶针是最常用、最简单的一种顶出机构，广泛应用于各类塑料产品成型。其不足之处在于顶出面积较小，容易引起应力集中而顶坏产品。图 6-4 所示为典型的顶针顶出机构，通过注塑机上的顶棍顶动模具的顶出板，顶出板带动固定在其上的圆顶针将产品顶出。

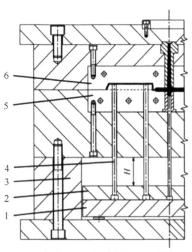

1—下顶出板；2—上顶出板；3—支撑脚；
4—圆顶针；5—动模仁；6—定模仁。

图 6-4　典型的顶针顶出机构

1. 顶针的形式

顶针的形式可简单地分为直杆式和阶梯式，其截面形状有圆形、方形和异形三种，如图 6-5 所示。在实际设计时，应尽可能采用简单的直杆式圆顶针。

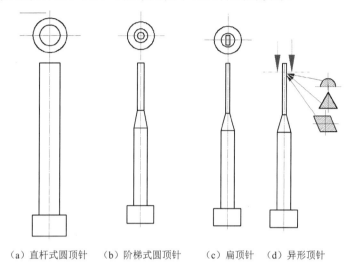

　　（a）直杆式圆顶针　　（b）阶梯式圆顶针　　　（c）扁顶针　　（d）异形顶针

图 6-5　顶针的形式

顶针的使用原则：能用直杆式顶针就不要用阶梯式顶针（也称有托顶针），但当直径小于 2mm 时，最好用阶梯式顶针，这样顶出有力，顶针不会因强度不够而弯曲变形；能用圆顶针就不要用扁顶针，更不要用异形顶针。总之，顶针越简单越好，这样方便加工，也方便装配。

2. 顶针设计的基本原则

当采用顶针顶出时，顶针形式的选择及位置的排布是需要仔细思考、认真衡量的，这往往需要比较丰富的设计经验。以下是顶针设计的一些基本原则。

（1）防止产品变形或损坏，正确分析产品对模具型腔的黏附力大小及其所在部位，有针对性地选择合适的脱模装置，使得顶出力施于刚度、强度最大处，并且顶针应尽量做大，如图 6-6 所示。

（2）顶针应结构合理、工作可靠、运动灵活、制造方便、容易更换，并且应具有足够的强度和刚度。

（3）圆顶针尽量不要放在镶件拼接处，如图 6-7 所示。

（4）对于 10mm 以上的长骨位，首先考虑用圆顶针顶出，但如果产品会粘圆顶针或透明产品的顶出痕迹会影响产品的质量，则须选用扁顶针。

（5）顶针孔与其他孔之间至少要有 3mm 的距离，如图 6-8 所示。

（6）尽量使用圆顶针，而且每套模具的顶针直径种类不宜过多，否则加工时要频繁换刀，浪费加工时间。

（7）顶针不要设计在行位下面，以防顶出板没有有效回位从而撞伤行位或顶针，如图 6-9 所示。

图 6-6　顶出力施于刚度、强度最大处

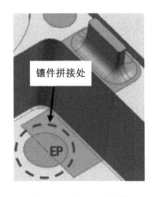

图 6-7　不合理位置

图 6-8　顶针孔与其他孔间距至少为 3mm

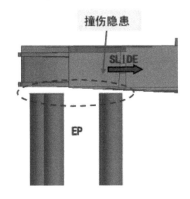

图 6-9　顶针不要设计在行位下面

（8）实心圆柱的顶出：当圆柱高度≥10mm 时，需要在圆柱底部设计圆顶针，如图 6-10 所示；当圆柱高度<10mm 时，需要在圆柱底部设计排气镶件，在两旁设计圆顶针，如图 6-11 所示；

图 6-10　圆柱高度≥10mm

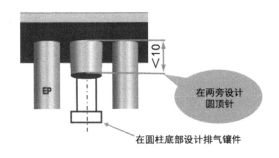

图 6-11　圆柱高度<10mm

（9）当产品孔柱高度≥10mm 时，需要设计司筒顶出，如图 6-12 所示；当产品孔柱高度<10mm 时，孔设计成镶件，两侧用圆顶针顶出，如图 6-13 所示。

（10）为方便钳工操作，一般在不影响顶出效果的前提下，顶针孔位置要以模具中心为坐标中心并取整数。

当圆顶针无法满足特殊要求时（如产品内部有特殊筋、骨、槽位等），需要使用扁顶针，如图 6-14 所示。扁顶针除能够替代圆顶针用于顶出产品以外，还有一个重要的作用，即在产品骨位很深的情况下用于排气，以避免走胶不齐的状况发生。

当顶针所顶出的胶位面不是平面,而是斜面或曲面时,顶针需要做防转处理,如图 6-15 所示。

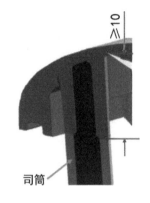

图 6-12　孔柱高度≥10mm

图 6-13　孔柱高度<10mm

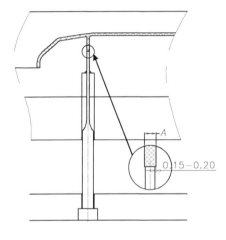

图 6-14　用扁顶针顶出

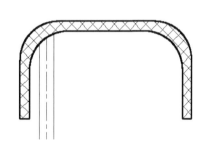

图 6-15　顶针头部为曲面

顶针防转通常有两种方式:一是顶针下端加防转销钉,如图 6-16(a)所示;二是顶针下端削边定位,如图 6-16(b)所示。

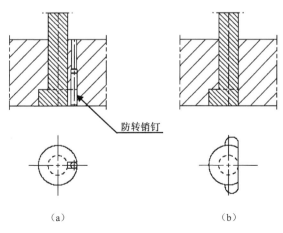

（a）　　　　　　　　　　　　　（b）

图 6-16　顶针防转方式

6.2.2 顶板

顶板又称为推板、脱料板。顶板顶出是指由一整块板在分型面处沿着产品周边将产品顶出，是一种常用的顶出方式，常用于一些壳体、环形或盒形产品的顶出。对于一些特殊产品，如表面不允许有顶出痕迹的产品（如透明盖），也可采用顶板顶出。

顶板顶出的特点：推出力大且均匀，运动平衡稳定，产品不易变形且几乎不留顶出痕迹。

顶板设计要点如下。

（1）顶板与回针通过螺钉固定在一起，为防止螺钉在频繁的顶出动作中松动，通常在螺钉下加弹性垫圈。顶出时，顶出板带动回针，回针推动顶板把产品顶出。

（2）顶板是由导柱导向的，在顶出的过程中，顶板要始终"挂在"导柱上，因此导柱的长度要足够。

（3）顶板与动模镶件为锥面配合，锥度可取 3°～5°，配合长度（封胶距离）最少要留10mm，一般取 20～25mm，其他部位可做避空处理，这样既方便加工，又使得顶板推动灵活，而且不易擦伤镶件。顶板内侧与产品胶位内边之间要有 0.3mm 的距离，以防顶出时顶板刮伤动模镶件，如图 6-17 所示。

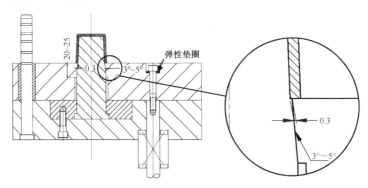

图 6-17　顶板顶出

当模具精度较高或产品产量较大时，为防止顶板与型芯频繁摩擦发生咬蚀，可把顶板与型芯接触处用经淬火处理的钢或黄铜材料做成镶件形式，如图 6-18 所示。

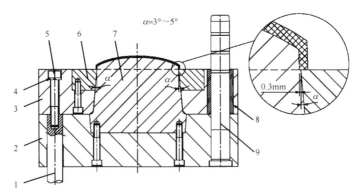

1—回针；2—动模板；3—推板；4—弹簧垫圈；5—螺钉；6—推板镶件；7—动模镶件；8—导套；9—导柱。

图 6-18　把顶板与型芯接触处做成镶件形式

6.2.3   司筒

司筒又称为顶管、推管。当采用司筒顶出时，顶出力大且均匀，当产品上有圆形的孔柱，并且孔柱高度≥10mm 时，必须采用司筒顶出，如图 6-19 所示。

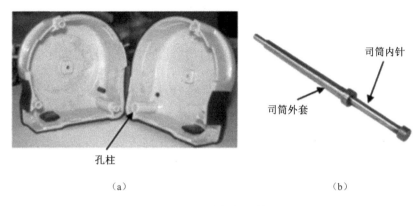

（a）   （b）

图 6-19   孔柱与司筒

司筒结构分为司筒内针和司筒外套，其中司筒内针用于成型，固定在动模固定板上；司筒外套用于顶出，固定在顶出板上。当采用司筒顶出时，随着注塑机顶棍顶动模具的顶出板，司筒将产品从司筒内针上顶出，如图 6-20 所示。

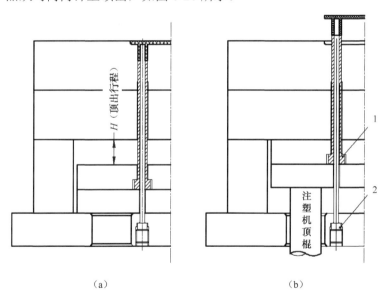

（a）   （b）

1—司筒外套；2—司筒内针。

图 6-20   司筒顶出

司筒内针可用无头螺钉直接压紧，如果司筒的数量很多，则可采用压板固定。一般情况下，司筒很少单独使用，往往是和其他顶出方式（如顶针等）一起使用的。由于司筒的价格较贵，从降低成本的角度考虑，在不影响产品顶出效果的前提下，对于要求不高的模具可以考虑在孔柱两侧布置顶针来替代司筒。

6.3 顶出行程

顶出行程指的是产品在开模后被顶出的距离，也就是产品脱模须顶出的距离。由于模具在注塑机上是侧着放的，因此在很多情况下，产品只需要顶出一定距离，即可凭其重力自动掉落。但是有的产品比较大，需要采用机械手抓取。

（1）自动掉落产品的顶出距离确定：产品自动掉落方向的型芯最高面与产品投影相重叠的最低面之间的距离为5～10mm，如图6-21所示。

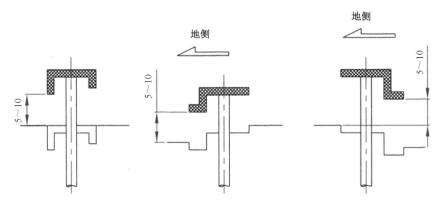

图6-21 自动掉落产品的顶出距离

（2）对于一些形状简单、产品本身脱模斜度比较大、可以使用机械手抓取的深腔件，顶出行程可以为产品深度的2/3，如图6-22所示。

顶出行程的计算直接关系到模架的选择，C板的高度决定了顶出行程的大小，如图6-23所示。

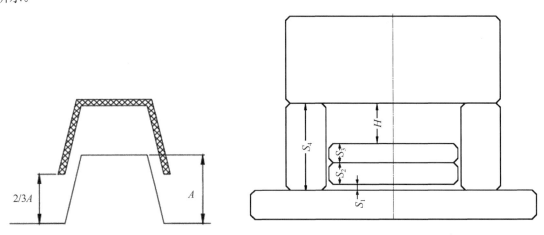

图6-22 深腔件的顶出距离   图6-23 C板的高度与顶出行程的关系图

图6-23中，S_4为标准模架中C板的高度；H为顶出行程；S_1为垃圾钉的厚度，一般为5mm；S_2、S_3为上、下顶出板的厚度，一般情况下，S_2、S_3为15～20mm。因此，顶出行程H将随着C板高度的变化而变化。

在实际设计时，为安全起见，顶出行程往往会取得大一些，可按如下公式来计算：

$$H = L + 安全余量$$

式中，L 为产品高度，这个产品高度是产品在开模方向上的最高点到最低点的距离；安全余量一般取 5～10mm。

在有些情况下，模具的实际顶出行程不需要像模架的顶出行程那么大，或者不能超过某一限定值，可以通过设计限位装置解决这个问题，如图 6-24 所示。

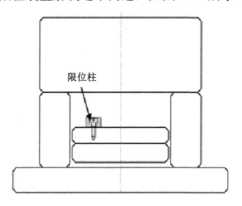

图 6-24　限位柱

这种限位装置结构比较简单，即做一个限位柱，里面锁螺钉，固定在顶出板或 B 板上进行限位。螺钉通常用 M6 或 M8 的，D 的尺寸常取 20mm 或 30mm，限位柱设计尺寸参考图如图 6-25 所示。限位块一般布置 2 个或 4 个，并且应在顶出板上均匀分布。

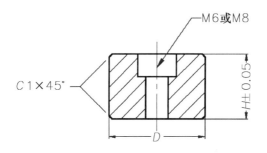

图 6-25　限位柱设计尺寸参考图

6.4　复位机构

若要满足连续生产的要求，顶出板在被顶出之后还需要复位，只有这样才能继续进行下一次的顶出，实现连续生产。通常情况下模具是采用回针复位的，回针固定在顶出板上，在顶出时，回针随顶出板运动，顶出结束复位时定模压退回针，从而使顶出板复位。复位原理如图 6-26 所示。

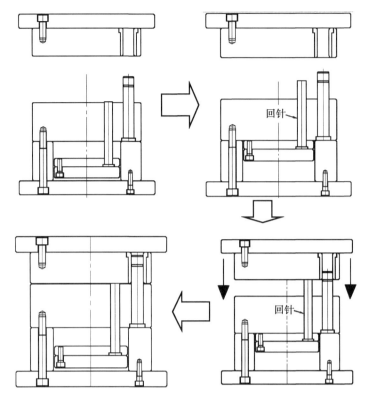

图 6-26　复位原理

　　标准模架里面都带有回针，无须另行设计。但在实际应用中，通常辅以弹簧来加强顶出板复位功能，如图 6-27 所示。

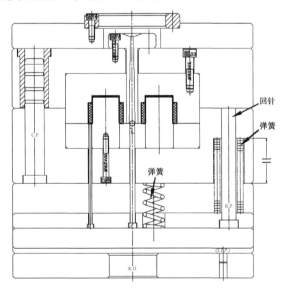

图 6-27　弹簧复位

　　弹簧复位是较常用的复位方式，但是摩擦、晃动及弹簧疲劳等有时易导致复位不精确甚至失灵，所以对于大中型模具要充分考虑弹簧的可靠性。

　　弹簧一般是套在回针上的，然后在B板上开设弹簧孔，以放置弹簧；也可以放置在顶针板上，但要注意别和其他构件发生干涉。

　　弹簧孔直径应大于弹簧直径 1～2mm，藏入 B 板内的深度为 20～30mm

6.5　垃圾钉、中托司、支撑柱

1. 垃圾钉

垃圾钉又称为停止销或止动销。在模具工作过程中，如果在下顶出板和动模底板之间出现垃圾（如塑料、铁屑等），则可能使顶出板不能回到正确的位置，再次顶出时顶出板可能会出现不平稳状态，严重时会使顶针扭曲甚至折断。为避免此种情况发生，通常在模具中放置垃圾钉，如图 6-28 所示。

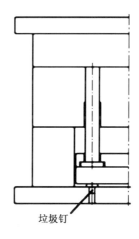

图 6-28　垃圾钉

在具体设计时，垃圾钉的数量可按顶出板上的螺钉数量来定，一般是其的 1.5～2 倍，如 4 颗螺钉可放 6～8 颗垃圾钉。其理想的布置位置是回针之下，当然也可根据情况均匀布置在动模底板或下顶出板上。一般来说，2530 以下的模架用 ϕ12mm 的垃圾钉即可；2530 及以上的模架可用 ϕ16mm 或 ϕ20mm 的垃圾钉。垃圾钉参考尺寸如图 6-29 所示。

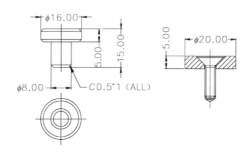

图 6-29　垃圾钉参考尺寸

2. 中托司

中托司是行业内的俗称，其实就是顶出板导柱。为保证顶出平衡、顺利、无偏差，需要在顶出板间设置导柱与导套，其作用与动/定模之间的导柱、导套的作用一样。

中托司有不同的安装方式，如图 6-30 所示。

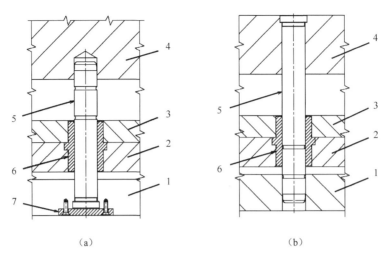

（a）   （b）

1—动模固定板；2—下顶出板；3—上顶出板；4—动模垫板；5—导柱；6—导套；7—压板。

图 6-30　中托司的安装方式

常用中托司的规格为 $\phi16mm$、$\phi20mm$、$\phi25mm$、$\phi30mm$；其数量按模具的尺寸大小来定，一般为 2 支或 4 支；其位置要以模具中心线为中心平衡分布。需要注意的是，当模架尺寸比较大时，中托司要深入动模板 10～15mm，如图 6-31 所示。

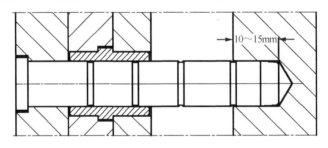

图 6-31　中托司深入动模板尺寸

中托司能够保证顶出平稳、可靠，但并非每套模具都需要使用中托司，在实际设计时，若出现如下情况，则可考虑使用中托司。

（1）顶针比较细（$\phi2.5mm$ 以下）且较多（≥30 个）。

（2）采用司筒顶出。

（3）采用的模架型号大于 3535。

（4）采用斜顶顶出且斜顶很单薄。

（5）二次顶出或三个以上的板需要顶出。

（6）出口模、精密模。

（7）客户有要求。

3. 支撑柱

支撑柱又称为撑头，其应用很广泛，常用于以下情况。当模具的外型尺寸比较大时，两个支撑脚之间的距离相对较大，注塑机在注射时产生的巨大压力将传递到动模板，有可能导致其弯曲、变形，如图 6-32 所示。

　　虽然可以加大动模板的厚度来抵抗变形，但这样一来模具的制造成本无疑会增加，所以常用的解决方法就是给予动模板支撑，即用支撑柱来提高动模板的抗弯强度，如图 6-33 所示，这种方法简单实用且效果好。

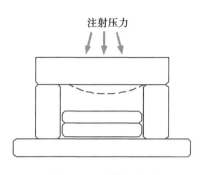

图 6-32　动模板变形

图 6-33　支撑柱

　　（1）支撑柱属于非标准件，需要自己设计加工，其外形一般为圆形，如果采用圆形的支撑柱位置不够（如狭窄部位），但又必须进行支撑，那么可以根据情况采用方撑头。

　　（2）支撑柱一般尽量做大，通常直径大于 30mm。

　　（3）支撑柱一般采用螺钉（常用 M6、M8）固定在动模底板上，且应尽可能地靠近产品，为防止干涉，支撑柱避空孔的边缘应与各部件保持 4mm 以上的距离。

　　（4）顶出板上的撑头孔直径要比支撑柱直径大 2mm，支撑柱的长度等于支撑脚的高度加上 0.1～0.2mm，此尺寸只需在明细表内注明，在模具组立图中可使支撑柱与支撑脚同高。

思　考　题

　　产品图如图 6-34 所示，要求设计该产品的模具顶出系统，具体要求如下：

　　（1）一模两腔；

　　（2）进胶方式限定为潜水进胶；

　　（3）按 1∶1 的比例绘图；

　　（4）绘制模具组立图。

　　备注：不要求标数，不要求给出明细表。

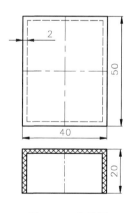

图 6-34　产品图

第 7 章　侧抽芯系统设计

1. 掌握滑块的动作原理。
2. 掌握滑块的各个组成部分的各种结构形式及适用场合。
3. 掌握典型滑块的各种结构形式及适用场合。
4. 掌握斜顶的动作原理、各种结构形式及适用场合。
5. 掌握先复位机构的动作原理及结构形式。

1. 能够根据产品倒扣特点设计模具的滑块。
2. 能够根据产品倒扣特点设计模具的斜顶。

1. 滑块、斜顶都是处理产品倒扣的重要结构形式，如果不使用斜顶或滑块，则成型后这些倒扣将导致产品无法取出，滑块、斜顶的动作原理采用提问式、引导式教学，旨在培养学生分析问题、解决问题的能力。

2. 滑块及斜顶的结构形式比较多，如何选择适合的结构形式，需要学生针对具体问题具体分析，学以致用，灵活处理，提高综合应用知识的能力。

在实际注塑生产中，产品的结构千变万化，不是所有产品在被顶出时都能简单地沿开模方向一次顶出的，往往需要根据产品结构附加一些"小动作"，才能保证产品顺利地脱模。

如图 7-1 所示，塑料盒子的顶面和侧面各有一个通孔，在成型的时候，通孔部分是金属材料，无论产品是留在定模侧还是留在动模侧，由于通孔部分的金属阻挡，产品均无法脱出模具型腔。

类似的情况在各种塑料产品中很常见，工程上把这些阻挡产品沿开模方向正常脱出的部位称为死角或倒扣。由于产品的结构各不相同，倒扣在产品中出现的形式也是多种多样的，图 7-2 中圈住的部位均为倒扣。

图 7-1　塑料盒子

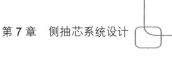

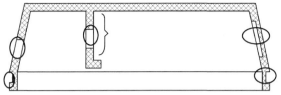

图 7-2　产品倒扣

很显然，只有先将倒扣部位的金属材料"抠除"，才能将产品从模具中顶出来，我们把这套处理倒扣的机构称为模具的侧抽芯系统。

在工程中，处理倒扣的方式有很多种，如采用滑块、斜顶、油压缸、齿轮处理机构等。本章重点讲述两种常用的侧抽芯系统设计：滑块与斜顶。

滑块和斜顶是模具结构中处理产品倒扣的两种重要结构形式。根据产品形状的复杂程度不同，滑块和斜顶的结构形式也不同。本章仅介绍最基本的设计方法，读者若要提高自身设计水平，还需要在工程实践中不断努力，及时总结设计经验。

7.1　滑块的设计

滑块又称为行位，是解决侧向分型问题的一种重要且常见的结构形式。如图 7-3（a）所示，产品侧面通孔部分需要设计成可动块形式，模具打开后，必须先将侧面通孔中的金属材料抽出，如图 7-3（b）所示，才能顺利地顶出产品。

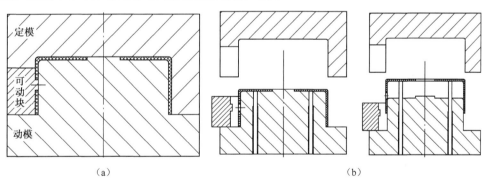

（a）　　　　　　　　　　　　　　　　（b）

图 7-3　将产品侧面通孔部分设计成可动块形式

将产品侧面通孔部分设计成可动块形式，移动可动块，从而将侧面通孔中的金属材料抽出，即可顺利地顶出产品。

7.1.1　滑块的动作原理

要驱动可动块移动，必须给其提供动力。假如可动块移动的动力来源于一根圆棒，这根圆棒被固定在定模上，随着模具开模做竖直运动，可动块在圆棒的作用下，被迫沿水平方向移动，从而可以将金属材料从产品侧面通孔中抽出，达到处理倒扣的目的，如图 7-4 所示。

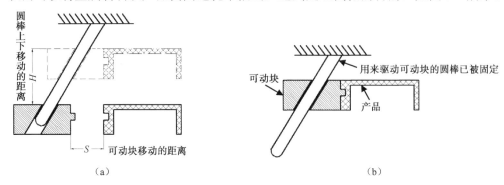

（a）　　　　　　　　　　　　　　（b）

图 7-4　用可动块处理侧面通孔问题的构想图

图 7-4 所示为用可动块处理侧面通孔问题的构想图，如果要正规设计，还需要进一步明确许多细节，如可动块的结构形式是怎样的、如何保证可动块运动平稳可靠、可动块移动的距离、驱动可动块的圆棒是如何固定的、如何保证可动块复位等。

在实际模具设计中，由一个称为滑块的零件充当可动块，而驱动滑块的圆棒则称为斜导柱。滑块和斜导柱及其他附属部件共同构成一个处理倒扣的侧抽芯系统。

如图 7-5 所示，斜导柱固定在动模底板上，在模具闭合状态下，斜导柱插到滑块里面，滑块头部用于成型产品侧面通孔，滑块在锁紧块压迫下不能动，此时弹簧也处于受压状态。在开模时，动、定模分开，锁紧块离开滑块，同时斜导柱驱动滑块在动模板上移动，弹簧的回弹也加强了这一移动动作。滑块移动一定距离，退出倒扣之后碰到限位螺钉，停止不动，弹簧持续的弹力也将保证它停在限位螺钉处，以防止斜导柱复位时发生碰撞。

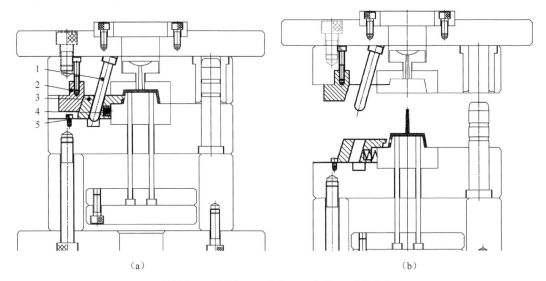

（a）　　　　　　　　　　　　　　（b）

1—斜导柱；2—锁紧块；3—滑块；4—弹簧；5—限位螺钉。

图 7-5　滑块 2D 结构

图 7-6 所示为实际模具滑块示意图。

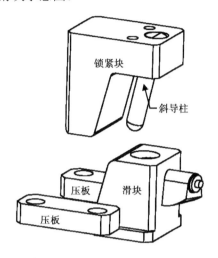

图 7-6　实际模具滑块示意图

7.1.2　滑块本体设计

在斜导柱滑块侧抽芯系统的设计中，滑块本体设计是重点。滑块本体按功能可分为两大部分：成型部分和机体部分。

成型部分是用来成型产品倒扣的，其形状根据倒扣的形状不同而不同，成型部分可以是滑块本体的一部分，即滑块做成一个整体，也可以单独做成镶件的形式，从而和机体部分连在一起。为叙述方便起见，本节以整体式滑块为例来讲解滑块本体设计。图 7-7 所示为整体式滑块。

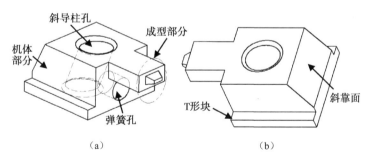

（a）　　　　　　　　　　　　　　（b）

图 7-7　整体式滑块

机体部分包括斜导柱孔、T 形块（导滑部分）、弹簧孔、斜靠面等，这些部分有其特殊的功能，不可缺少。无论什么形式的滑块，其基本外形结构都如图 7-8 所示。

（1）滑块的长、宽、高并无限定的尺寸，要根据产品的具体情况来定，但是它们之间的比例应该协调。一般来说，如果滑块的高为 H，那么滑块的长应为$(1.3\sim1.5)H$，滑块的宽要在包住胶位的前提下大于或等于 $2/3H$（但应注意不要超过滑块长的 4 倍）。

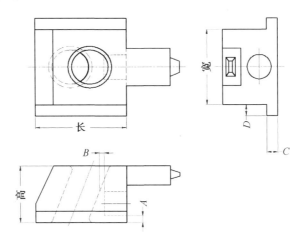

图 7-8　滑块的基本外形结构

（2）T 形块的宽和高，即 $D×C$ 一般为 3mm×5mm、4mm×4mm 等。

（3）弹簧孔的直径要大于所选弹簧直径 1～2mm，为保证滑块强度，弹簧孔到各处的距离（如 A 和 B）最少要保持 4mm。

（4）滑块的斜靠面要与锁紧块相靠，其主要的作用是定位滑块，其斜度可参考斜导柱的倾斜角度来计算，若斜导柱的倾斜角度为 $α$，则斜靠面的倾斜角度为 $α+2°$。

（5）斜导柱孔要与斜导柱相配合，其应大致位于滑块顶面的中心处，斜导柱孔的倾斜角度就是斜导柱的倾斜角度，一般取 18°～22°，不要超过 25°。

有时滑块的成型部分需要单独制作，即做成镶件的形式。这样不仅方便加工及修模，而且能使成型部位用好的材料代替，节省成本。镶件与滑块的连接方式有很多种，如表 7-1 所示。

表 7-1　镶件与滑块的连接方式

简　　图	说　　明
	采用螺钉固定，一般适用于侧抽型芯为方形结构且型芯尺寸不大的场合

续表

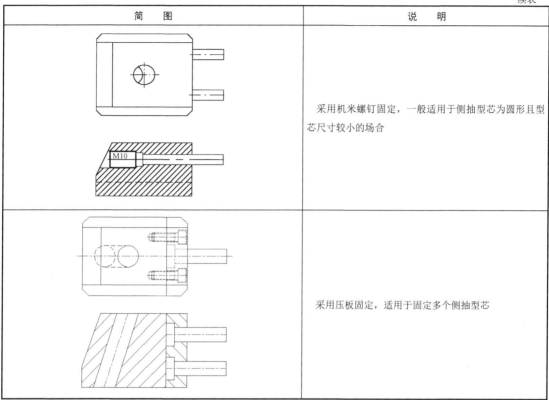

简　图	说　明
	采用机米螺钉固定，一般适用于侧抽型芯为圆形且型芯尺寸较小的场合
	采用压板固定，适用于固定多个侧抽型芯

7.1.3　斜导柱设计

斜导柱是驱动滑块抽芯常用的结构，如图 7-9 所示，其特点是结构紧凑，动作安全可靠，加工简单。

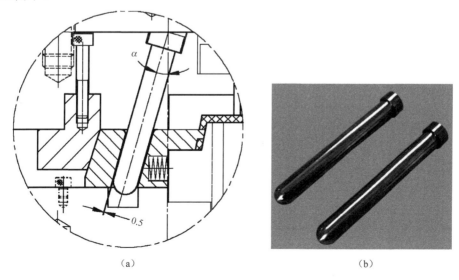

（a）　　　　　　　　　　　　　（b）

图 7-9　斜导柱

斜导柱的设计要点如下。

（1）斜导柱在开、闭模过程中，只用于拨动滑块沿分型或抽芯方向做往返运动，并不承担对滑块的锁紧作用，因此为避免在运动中与锁紧块互相影响，特规定斜导柱与滑块中的导柱孔的最小间隙为 0.5mm。

（2）斜导柱常用规格为 $\phi8mm$、$\phi10mm$、$\phi12mm$、$\phi14mm$、$\phi16mm$、$\phi20mm$，其长度由抽芯距离、滑块的高度及固定斜导柱的模板厚度决定。

（3）斜导柱的倾斜角度不可超过 25°，不要小于 10°（通常为 25°、23°、20°、18°、15°、12°、10°），为防止在开模时斜导柱与滑块互相干涉而出现卡死导致滑块运动受阻现象，锁紧块的倾斜角度应比斜导柱的倾斜角度大 2°～5°。

（4）为使斜导柱能顺利插入斜导柱孔，斜导柱头部须倒圆角，同时斜导柱孔应有一定的倒角。

（5）斜导柱视滑块大小不同做一个或两个，一般情况下当滑块宽度超过 60mm 时，应采用两个或两个以上斜导柱，在加工时，两个斜导柱及斜导柱孔的各项参数应一致。

（6）在多数情况下，斜导柱是穿过模板的，这时需要在模板上为斜导柱头部做避空处理。

在实际设计时，具体采用何种形式的斜导柱需要根据产品的特点来确定。由于斜导柱在定模侧、滑块在动模侧的结构形式很普遍很常见，因此本节重点讲解这种结构形式。常用的斜导柱在定模侧的固定方式如表 7-2 所示。

表 7-2　常用的斜导柱在定模侧的固定方式

简　图	说　明
	适宜在模板较薄且定模底板与定模板不分开的情况下使用。配合面较长，稳定性较好
	适宜在模板较厚且模具空间大的情况下使用。二板模、三板模均可使用。配合面长度 $L \geq 1.5D$（D 为斜导柱直径），稳定性较好

简　图	说　明
	适宜在模板较厚的情况下使用。二板模、三板模均可使用，配合面长度 $L \geqslant 1.5D$（D 为斜导柱直径），稳定性不好，加工困难
	适宜在模板较薄且定模底板与定模板可分开的情况下使用。配合面较长，稳定性较好

7.1.4　锁紧块设计

锁紧块又称为铲鸡、铲基。在进行注塑成型时，塑料熔体对模具型腔的压力之大足以使滑块发生移动，要想抵抗这种压力，单靠斜导柱微弱的定位力量显然不够，因此需要设计锁紧块来保证在成型过程中滑块纹丝不动，而在合模时，锁紧块的推动力也可使滑块复位。锁紧块如图 7-10 所示。

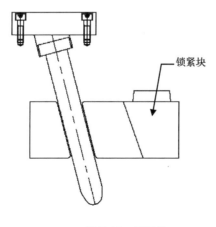

图 7-10　锁紧块

锁紧块的参考尺寸如图 7-11 所示。因为锁紧块要靠在滑块的斜靠面上才能起到作用，所以其宽度 L 一般比滑块的宽度小 1～2mm。

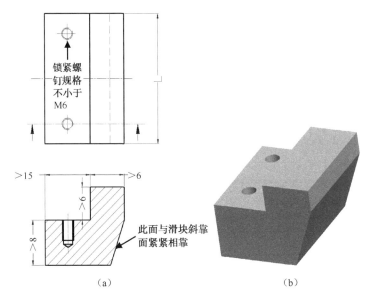

（a）　　　　　　　　　　　　（b）

图 7-11　锁紧块的参考尺寸

常用的锁紧块的固定方式如表 7-3 所示。

表 7-3　常用的锁紧块的固定方式

简　　图	说　　明	简　　图	说　　明
	镶拼式锁紧方式，结构强度高，适用于锁紧力较大的场合		嵌入式锁紧方式，适用于滑块较宽的场合
	整体式锁紧方式，结构刚性好但加工困难，脱模距小，适用于小型模具		嵌入式锁紧方式，适用于滑块较宽的场合

续表

简 图	说 明	简 图	说 明
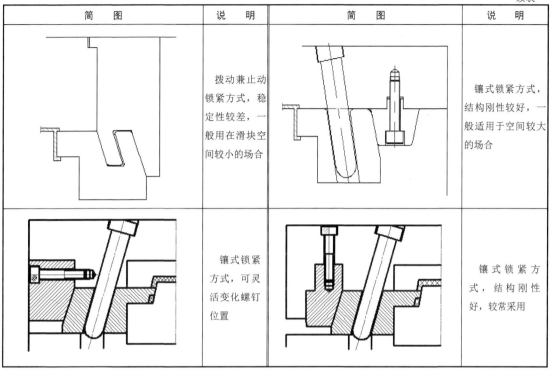	拨动兼止动锁紧方式,稳定性较差,一般在滑块空间较小的场合		镶式锁紧方式,结构刚性较好,一般适用于空间较大的场合
	镶式锁紧方式,可灵活变化螺钉位置		镶式锁紧方式,结构刚性好,较常采用

7.1.5 压板设计

只有保证滑块在压板中的活动顺利、平稳,才能保证滑块在模具生产过程中不发生卡滞或跳动现象,从而避免影响产品质量、模具寿命等。常用的压板形式如表 7-4 所示。

表 7-4 常用的压板形式

简 图	说 明	简 图	说 明
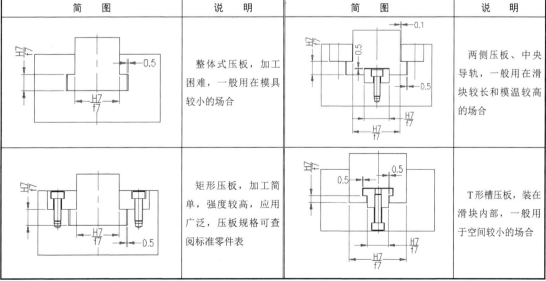	整体式压板,加工困难,一般用在模具较小的场合		两侧压板、中央导轨,一般用在滑块较长和模温较高的场合
	矩形压板,加工简单,强度较高,应用广泛,压板规格可查阅标准零件表		T形槽压板,装在滑块内部,一般用于空间较小的场合

续表

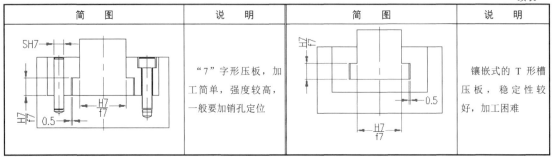

简 图	说 明	简 图	说 明
	"7"字形压板，加工简单，强度较高，一般要加销孔定位		镶嵌式的 T 形槽压板，稳定性较好，加工困难

7.1.6 滑块限位装置设计

滑块在斜导柱的驱动下进行抽芯，完成侧向移动后，需要在指定的位置停止，方能保证其顺利复位。常用的滑块限位装置如表 7-5 所示。

表 7-5 常用的滑块限位装置

简 图	说 明
	利用弹簧和螺钉限位，弹簧强度值为滑块质量值的 1.5～2 倍，常用于向上和侧向抽芯
	利用弹簧和钢球限位，一般用在滑块较小的场合，常用于侧向抽芯
	利用弹簧、螺钉和挡板限位，弹簧强度值为滑块质量值的 1.5～2 倍，常用于向上和侧向抽芯

续表

简　　图	说　　明
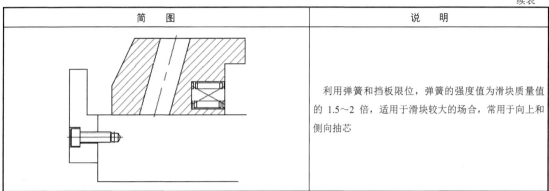	利用弹簧和挡板限位,弹簧的强度值为滑块质量值的 1.5～2 倍,适用于滑块较大的场合,常用于向上和侧向抽芯

开模后滑块在斜导柱的驱动下移动,当碰到停止销(限位螺钉)后不再移动。SL 这个距离称为滑块行程。SL=产品的死角大小+安全余量(2～3mm)。通常停止销的沉头需要沉到模板平面以下 0.5～1mm。可用不小于 M6 的螺钉来代替停止销,如图 7-12 所示。

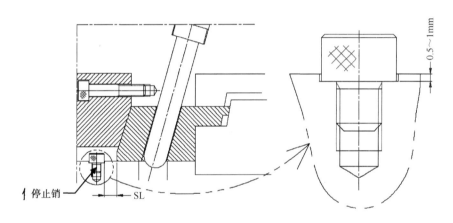

图 7-12　用螺钉替代停止销

在某些特殊情况下,也可在模板上直接铣出台阶对滑块进行限位,如图 7-13 所示。

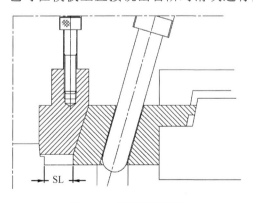

图 7-13　模板台阶限位

7.1.7 典型滑块图例

典型滑块图例如表 7-6 所示。

表 7-6 典型滑块图例

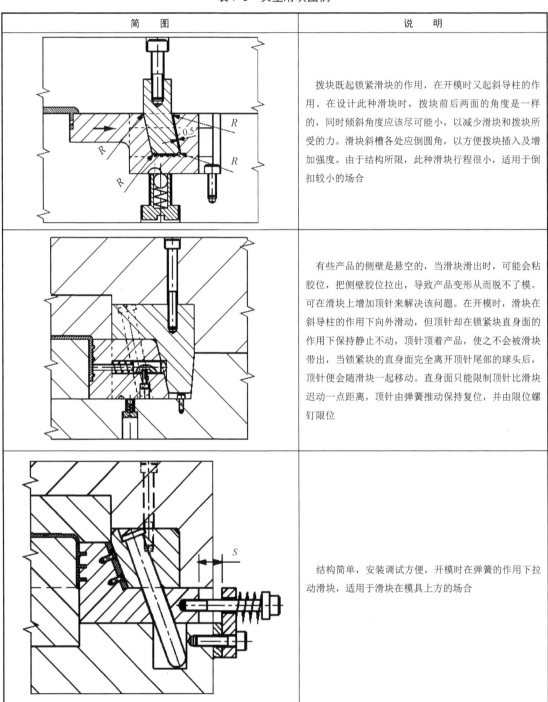

简 图	说 明
	拨块既起锁紧滑块的作用，在开模时又起斜导柱的作用。在设计此种滑块时，拨块前后两面的角度是一样的，同时倾斜角度应该尽可能小，以减少滑块和拨块所受的力。滑块斜槽各处应倒圆角，以方便拨块插入及增加强度。由于结构所限，此种滑块行程很小，适用于倒扣较小的场合
	有些产品的侧壁是悬空的，当滑块滑出时，可能会粘胶位，把侧壁胶位拉出，导致产品变形从而脱不了模。可在滑块上增加顶针来解决该问题。在开模时，滑块在斜导柱的作用下向外滑动，但顶针却在锁紧块直身面的作用下保持静止不动，顶针顶着产品，使之不会被滑块带出，当锁紧块的直身面完全离开顶针尾部的球头后，顶针便会随滑块一起移动。直身面只能限制顶针比滑块迟动一点距离，顶针由弹簧推动保持复位，并由限位螺钉限位
	结构简单，安装调试方便，开模时在弹簧的作用下拉动滑块，适用于滑块在模具上方的场合

续表

简　图	说　明
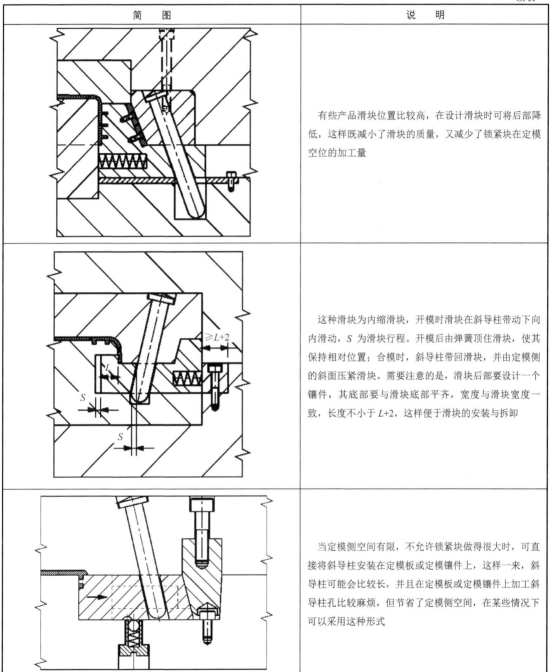	有些产品滑块位置比较高，在设计滑块时可将后部降低，这样既减小了滑块的质量，又减少了锁紧块在定模空位的加工量
	这种滑块为内缩滑块，开模时滑块在斜导柱带动下向内滑动，S 为滑块行程。开模后由弹簧顶住滑块，使其保持相对位置；合模时，斜导柱带回滑块，并由定模侧的斜面压紧滑块。需要注意的是，滑块后部要设计一个镶件，其底部要与滑块底部平齐，宽度与滑块宽度一致，长度不小于 $L+2$，这样便于滑块的安装与拆卸
	当定模侧空间有限，不允许锁紧块做得很大时，可直接将斜导柱安装在定模板或定模镶件上，这样一来，斜导柱可能会比较长，并且在定模板或定模镶件上加工斜导柱孔比较麻烦，但节省了定模侧空间，在某些情况下可以采用这种形式

　　以上仅举了几个例子来说明滑块的设计方法。滑块的设计很灵活，形式也多种多样，因此难度也较大，希望读者用心掌握。

7.2 斜顶的设计

对于产品倒扣问题，可用滑块抽芯来解决。但对于有些产品倒扣，使用滑块抽芯未必合适。如图 7-14 所示，若倒扣处于产品内部，该如何处理呢？

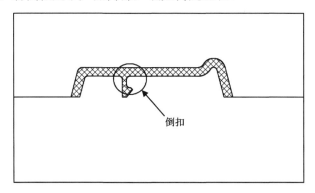

图 7-14 产品内部倒扣

这样的产品倒扣是不适合采用滑块抽芯的，因为采用滑块不方便出模，会导致模具结构复杂化。因此，对于此类的产品倒扣，考虑采用一种简单的侧抽芯系统来处理。这种侧抽芯系统称为斜顶。

斜顶又称为斜方、斜销，是处理产品内部倒扣的常用侧抽芯系统。

7.2.1 斜顶的动作原理

如图 7-15 所示，斜顶固定在顶出板上，模具开模后，注塑机顶棍顶动顶出板，从而带动斜顶将产品顶出，同时退出倒扣。下面详细分析一下其工作原理。

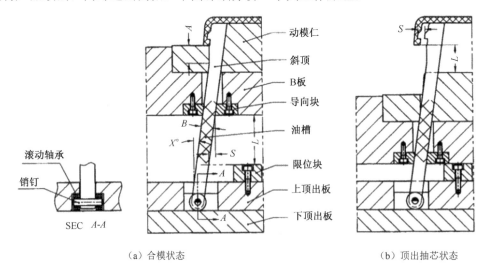

（a）合模状态　　　　　　　　　　　　　　（b）顶出抽芯状态

图 7-15 斜顶的动作原理

　　斜顶穿过一个模板或导向板的斜孔，斜顶与斜孔配合。从下向上给斜顶一个推力，推动斜顶向上运动一段距离，就会发现斜顶在斜孔和推力的作用下，不仅向上运动，而且向斜顶倾斜方向运动了一定距离，退出倒扣。

　　斜顶的设计除其本身的设计之外，还涉及其导向及固定问题，所以模具中与斜顶相关的部分均要考虑。斜顶的设计主要考虑三个部分，如图 7-16 所示。

　　（1）斜顶头部：此部分主要考虑斜顶的具体拆法，涉及胶位及角度的计算。

　　（2）斜顶避空与导向：要保证斜顶畅通无阻在模具中运动，就要考虑模板中的避空怎样开设。

　　（3）斜顶固定：斜顶运动的动力来自顶出板，斜顶如何与顶出板固定是一个重要的设计细节。

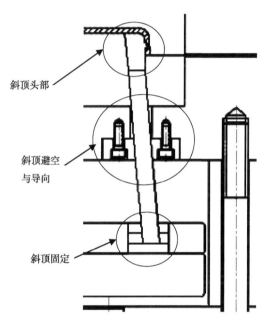

图 7-16　斜顶结构图

7.2.2　斜顶头部设计

　　斜顶头部指的是斜顶的成型部分，这部分直接和产品接触，所以既要保证能顺利脱出倒扣，又要保证不漏胶。根据产品倒扣的不同情况，斜顶头部的形状有所变化，也就是说斜顶头部的设计是不同的，下面举例说明，斜顶如图 7-17 所示。

　　（1）斜顶的倾斜角度可以通过经验公式计算，假设其倾斜角度为 $M°$，则

$$\tan M° = 斜顶行程/顶出行程$$

式中，斜顶行程=倒扣值+安全余量（2～3mm）；顶出行程通常取 15～30mm。

　　通过反三角函数算出的角度取整数，如计算结果为 7.23°，可取 8°。

　　一般来说，斜顶的倾斜角度取 3°～12°，勿超过 15°，常取 6°、7°、8°、9°。

（2）斜顶厚度常取 4～8mm，不应小于 4mm。若斜顶厚度太小，则力度不够；若斜顶厚度太大，则浪费材料。斜顶宽度根据产品倒扣宽度来定，最起码要与倒扣宽度一致，一般要比倒扣宽度大 1～3mm，不应小于 5mm。

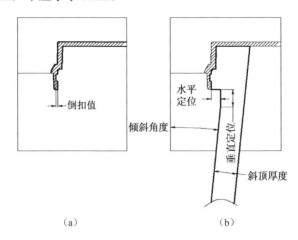

（a）   （b）

图 7-17　斜顶

（3）斜顶上设计的水平定位和垂直定位的作用是方便加工碰数及数据测量，另外还起封胶作用，同时水平定位和垂直定位形成的台阶也可防止斜顶下沉。在一般情况下，水平定位可取 3～5mm；垂直定位可取 5～10mm，具体数值可以根据斜顶尺寸灵活选取。

（4）斜顶头部的三种形式如图 7-18 所示。图 7-18（a）是一般形式，特点是包紧力小，倒扣容易脱出，加工方便，适用于大多数情况；图 7-18（b）在倒扣后面留了一块铁，适用于产品比较薄且倒扣对斜顶包紧力比较大的情况，此时斜顶也比较大，模具上有足够的加工空间可以利用；图 7-18（c）适用于斜顶太薄的情况，由于模具上对应倒扣的部位空间小，斜顶无法加大，故采用这种包胶结构，注意斜顶尽量不要伸出产品，以免和定模相碰。

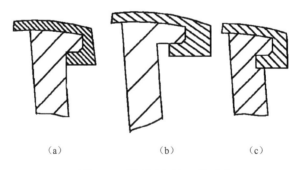

（a）   （b）   （c）

图 7-18　斜顶头部的三种形式

（5）斜顶头部在设计时不要出现反铲度，否则斜顶后退时发生干涉或会铲胶，如图 7-19、图 7-20 所示。

（6）斜顶的顶出距离要精确计算，不要与其他部件（如其他斜顶、顶针等）发生干涉，如图 7-21 所示。

（7）斜顶的基本拆法。斜顶在模具中属于精密零件，尺寸相对较小，又因其头部涉及胶位，故其头部设计需要细心处理。

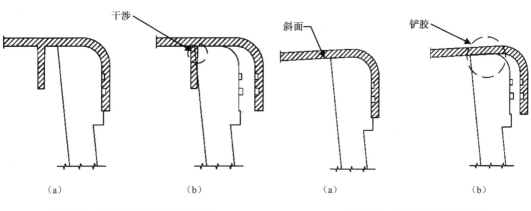

图 7-19　斜顶后退时会发生干涉　　　　图 7-20　斜顶后退时会铲胶

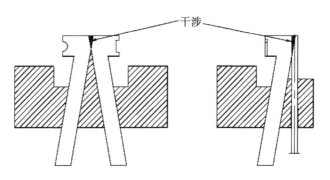

图 7-21　顶出后有干涉

　　根据产品倒扣的具体情况，斜顶头部有不同的拆法，无论采用何种拆法，均要从保证产品质量、加工方便的角度去考虑。表 7-7 所示为斜顶的基本拆法说明。

表 7-7　斜顶的基本拆法说明

简　图	说　明	简　图	说　明
	结构简单，加工方便，倒扣不易变形，靠破处容易产生毛边		结构简单，加工方便，倒扣不易变形，但容易产生断差，当筋的高度 a 比较大时，可采用这种形式
	倒扣容易变形，且容易产生断差和毛边		结构简单，加工方便，产品侧壁有孔，当 a 比较小时，可采用这种形式

103

续表

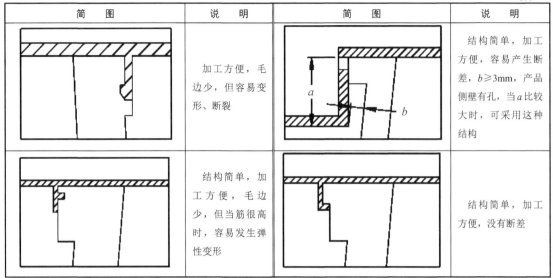

简 图	说 明	简 图	说 明
	加工方便，毛边少，但容易变形、断裂		结构简单，加工方便，容易产生断差，$b \geqslant 3mm$，产品侧壁有孔，当a比较大时，可采用这种结构
	结构简单，加工方便，毛边少，但当筋很高时，容易发生弹性变形		结构简单，加工方便，没有断差

7.2.3 斜顶的避空

斜顶在模具中运动时是要穿过动模仁、动模板的。斜顶在动模仁里面的部分不能做避空设计，否则会跑胶，斜孔在这一段对斜顶也起导向作用，属于第一段导向；斜顶在动模板里面的部分则需要做避空，即让位设计，否则斜顶将与动模板产生摩擦，影响斜顶的寿命及运动。

在动模板上常采用的斜顶避空做法为开设通孔，有圆孔、椭圆孔、U 形孔。通孔的孔径大小及位置应保证斜顶能够顺利通过。尽量采用直身圆孔，这样的孔好加工。若避空孔与其他组件发生干涉，则可考虑采用椭圆孔、U 形孔或斜圆孔，避空孔位置应该尽量取整，如图 7-22 所示。

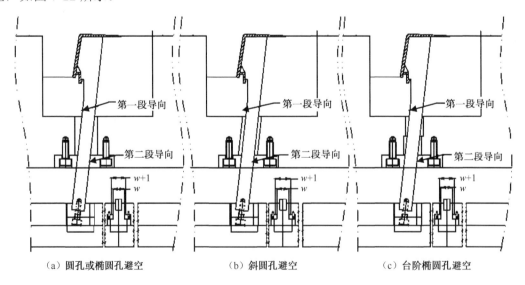

（a）圆孔或椭圆孔避空 　（b）斜圆孔避空 　（c）台阶椭圆孔避空

图 7-22　斜顶在动模板上的避空孔

图 7-23 所示为避空孔的空间结构形式。图 7-23（a）为直身圆孔避空，在斜顶较小时采用，注意斜顶不要和圆孔有干涉，其加工工艺非常简单，较多采用；图 7-23（b）为直身 U 形孔避空，其加工也很简单，适用于斜顶较小的场合；图 7-23（c）为斜圆孔避空，它是根据斜顶角度挖成通孔，加工相对来说比较复杂，较少采用。

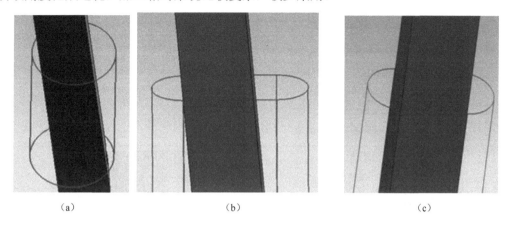

| （a） | （b） | （c） |

图 7-23　避空孔的空间结构形式

7.2.4　斜顶的导向

斜顶导向件用于对斜顶进行斜向导向，通常在已经在动模板上开设了避空孔的情况下使用。因为已经在动模板上开设了避空孔，所以如果不加上斜顶导向件，斜顶的斜向导向任务就完全由斜顶在动模仁里面的导向部位来承担了，这样势必会给斜顶带来压力，另外也易导致斜顶"卡死"。

为确保斜顶运动顺畅，采用导向块的结构形式来改善斜顶的滑动条件，如图 7-24 所示。整体式导向块与分离式导向块的区别如表 7-8 所示。

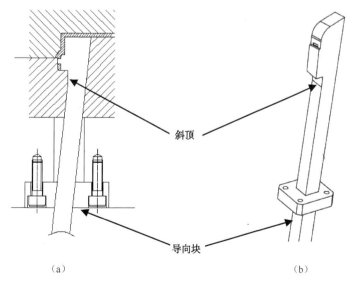

斜顶

导向块

（a）　　　　　　　　　　　　　（b）

图 7-24　导向块

表 7-8 整体式导向块与分离式导向块的区别

分类	整体式导向块	分离式导向块
二维形式		
空间结构		
说明	整体式导向块材料常采用青铜，其尺寸较小，常用于小型斜顶，在加工时先将其固定在动模板上，然后和动模仁、动模板一起进行线切割加工，确保导向块和动模仁上的斜导向孔同一中心，使其能更顺畅地运动	分离式导向块材料也常采用青铜，其尺寸较大，可以分开用磨床加工，常用于大中型斜顶（导滑截面大于 20mm×20mm）

7.2.5 斜顶的连接方式

斜顶有不同的连接方式，一般可分为销钉式连接和 T 形槽式连接两种。销钉式连接（见图 7-25）在设计中运用较多，其结构简单，加工方便，安装配合及维修维护容易。T 形槽式连接（见图 7-26）主要用于较大的、对精度要求较高的产品，有多种不同形式的 T 形滑动座与之连接，加工配合比较难，制造成本较高。

图 7-25 销钉式连接

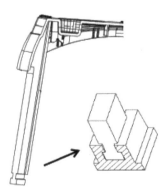

图 7-26 T 形槽式连接

具体斜顶采用什么样的连接方式并没有严格规定，在实际工程中，除要考虑产品及模具的因素以外，还要考虑模具厂的内部要求。

1．销钉式连接

销钉式连接是最简单的斜顶连接方式，它的优点是结构简单，加工速度快，成本低；缺点是销钉在顶出板上的滑动不太顺畅，因为销钉与顶出板接触面积太小。此种形式通常在产品尺寸精度要求不高、生产批量不大时采用。图 7-27 所示为在顶出板上开设斜顶连接孔的参考图。

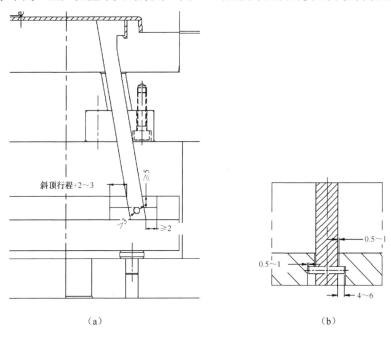

（a）　　　　　　　　　　　　　　　（b）

图 7-27　在顶出板上开设斜顶连接孔的参考图

除可以在顶出板上直接开设斜顶连接孔以外，还可以单独做一个斜顶座，然后用销钉连接斜顶，其原理是一样的，如图 7-28 所示。

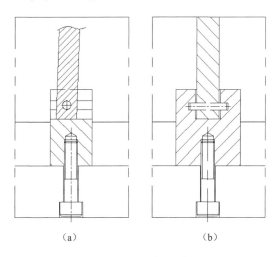

（a）　　　　　　　　　　　（b）

图 7-28　在斜顶座上开设斜顶连接孔的参考图

2. T形槽式连接

T形槽式连接也是一种常用的斜顶连接方式。斜顶底部做成 T 形块形式，与斜顶座的 T 形槽相对应。斜顶固定在顶出板上，在斜顶座中运动。

图 7-29 所示为斜顶 T 形槽的参考尺寸。

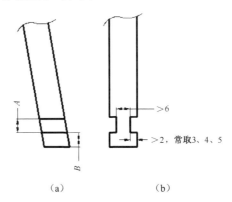

（a） （b）

图 7-29 斜顶 T 形槽的参考尺寸

在图 7-29 中，A 通常取 6～10mm，B 通常取 5～8mm。斜顶座用螺钉固定在顶出板上，斜顶座与斜顶的装配关系如图 7-30 所示。

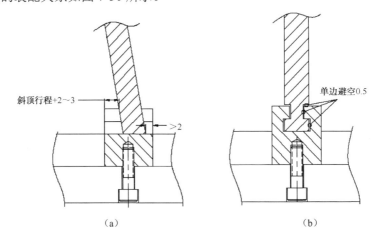

（a） （b）

图 7-30 斜顶座与斜顶的装配关系

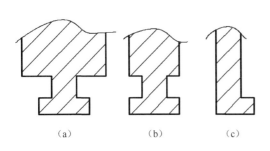

（a） （b） （c）

图 7-31 三种不同的 T 形槽结构

斜顶座与斜顶 T 形槽之间除上述连接方式之外，还有其他连接方式，此处不做介绍。图 7-31 所示为三种不同的 T 形槽结构，其中图 7-31（a）所示的结构用于斜顶比较大的场合；图 7-31（b）所示的结构用于中型斜顶；图 7-31（c）所示的结构用于截面积小于 6mm×6mm 的小型斜顶。

3. 两段式斜顶

两段式斜顶适用于倒扣比较小（长度小于5mm）且斜顶特别小或斜顶运动空间不够的场合。两段式斜顶长度比较短，不像前面两种斜顶那样延长至顶出板，其长度基本上不超出动模板，所以也称为半斜顶，而前面两种斜顶可称为全斜顶。两段式斜顶并未直接连接在顶出板上，其底部开有 T 形槽，与固定在顶出板上的顶针相连接，由顶针钩住斜顶进行顶出及复位。图 7-32 所示为两段式斜顶结构。

两段式斜顶本体上设计了滑道，滑道有斜度，起导向作用，滑道可以在斜顶两侧开设（T 形耳朵），或者在单侧开设，或者设计成燕尾槽的形式，如图 7-33 所示。

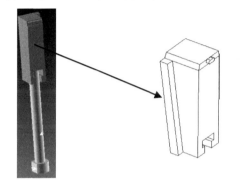

图 7-32　两段式斜顶结构

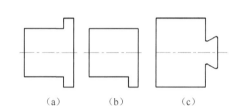

（a）　　　（b）　　　（c）

图 7-33　滑道的不同形式

在安装时，斜顶从上往下装入模具，然后顶针从动模背后穿入斜顶 T 形槽，再旋转 90°，钩住斜顶 T 形槽，同时斜顶钩针要做防转处理。为安全起见，斜顶被顶出后不能脱离滑道，所以斜顶的长度至少要比顶出行程大 10mm，斜顶的倾斜角度常取 3°～8°。两段式斜顶的参考尺寸如图 7-34 所示。

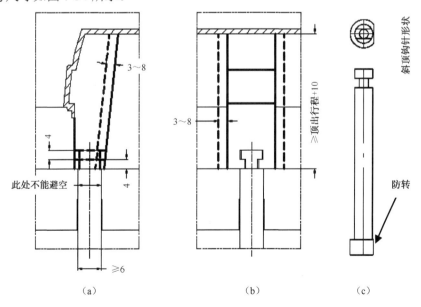

（a）　　　　　　　　　　　（b）　　　　　　　　　（c）

图 7-34　两段式斜顶的参考尺寸

7.3　先复位机构设计

在某些模具结构中，由于产品结构会发生顶出装置与行位等干涉的情况，导致无法顺利合模，因此需要设计先复位机构。滑块与司筒干涉如图 7-35 所示。

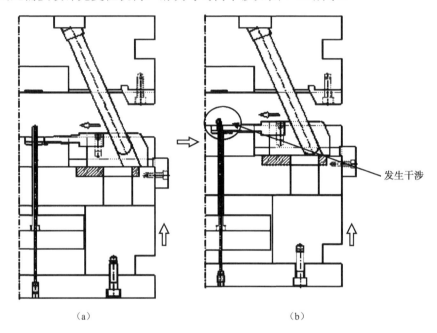

（a）   （b）

发生干涉

图 7-35　滑块与司筒干涉

先复位是指先将顶出板复位。一种很简单的先复位机构形式是在回针上套弹簧，靠弹簧弹力先行复位，但采用这种形式要注意弹簧失效的情况。除此之外，还有其他形式。图 7-36 所示为一种常用的先复位机构，图 7-37 所示为其工作示意图。

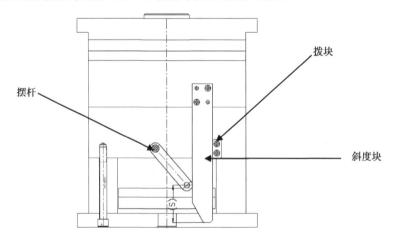

拨块

摆杆

斜度块

图 7-36　一种常用的先复位机构

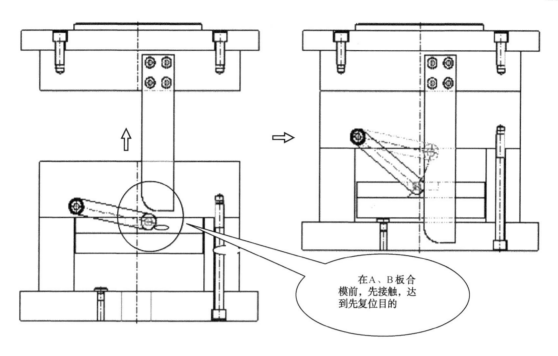

图 7-37　先复位机构工作示意图

图 7-38 所示为一种先复位机构的设计参考图，具体参数可根据实际模具大小来定。

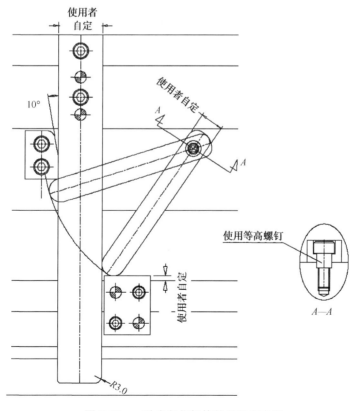

图 7-38　一种先复位机构的设计参考图

思 考 题

产品图如图 7-39 所示，根据以下要求完成设计：

① 一模两腔；

② 不要求设计运水；

③ 1∶1 绘制模具组立图。

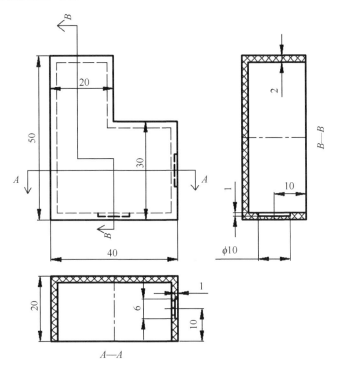

图 7-39　产品图

第8章　冷却系统设计

在注塑过程中，对模具型腔进行填充的熔体温度通常达到 200℃左右，模具工作一段时间后温度将会很高，而顶出的产品温度却只有 50～60℃，如何保证产品在很短的时间内迅速冷却至适宜的顶出温度呢？

这就要求对模具进行冷却，使模具温度保持在一定的范围之内，因此模具里面就出现了冷却系统。冷却系统的作用主要有两点。

（1）缩短成型周期，提高生产效率。

高温熔体进入模具型腔后，需要经过冷却固化，才能得到所需产品。在整个成型周期中，冷却固化时间占比达 60%～80%，所以设计合理的冷却系统能够缩短成型周期，提高生产效率。

（2）提高产品质量。

由于产品形状复杂、壁厚不均、充模顺序不同等，在固化过程中不同位置的温度不一样，这种热交换产生的应力会直接影响产品尺寸精度及外观。冷却系统的设计理念就是保持与塑料特性、产品质量相适应的温度，最大限度地消除或减少这种应力，改善塑料的性能，以得到高质量的产品。冷却系统不仅要使模具冷却，还要尽量使模具保持恒定温度，控制熔体冷却速度，冷却速度太快会影响填充，太慢又会因温度过高导致产品产生缺陷及成型周期延长。

模具的冷却方法有水冷却、油冷却、压缩空气冷却和自然冷却等。

（1）水冷却。这种方法最常用，即通过普通自来水增压后流经模具并循环流动带走热量，水冷却在注塑模具中应用最多。

（2）油冷却。通过注塑机本身的轻油，经油泵增压后流经模具并循环流动带走热量，这种方法不常用。

（3）压缩空气冷却。通过空气压缩机压缩空气，使之在模具中通行或直接吹到模具上进行冷却，这方法应用很少。

（4）自然冷却。对于特别简单的模具，注塑完毕之后可靠模具自然降温来达到冷却目的。

本章重点阐述最常用的冷却方式——水冷却，详细介绍其冷却系统设计。

8.1 常用冷却系统介绍

用水冷却模具其实就是用钻头在模具中钻一些管道然后通过水流冷却模具，简称运水。运水设计很容易理解，但在具体设计时还需要根据产品大小、注塑材料、模具结构等因素进行综合考虑并确定最佳方案。

运水设计的基本原则有如下几点。

（1）冷却水道要加工方便，拆装水管接头方便。

（2）冷却水道网要尽量使模具冷却均匀，尽量避免因温差引起产品变形。

（3）加工刀具规格尽量统一。

（4）尽量不要让冷却水道中留有死水，以免生锈堵塞水道。

（5）冷却水要尽量冷却到与产品有直接接触的模具材料，尽量不要采用间接冷却方式。

（6）冷却水道尽量设计成垂直或水平的通道，以方便加工，尽量不要采用斜向冷却水道。

8.1.1 直通式水路

直通式水路可分为平行直通式水路和非平行直通式水路两种。平行直通式水路的冷却水道直接贯穿模板且相互平行，如图 8-1 所示。此种形式由于冷却水道离产品胶位远，冷却效果不佳，一般情况下很少采用，仅在一些小产品、小模具场合下有时候可以采用。

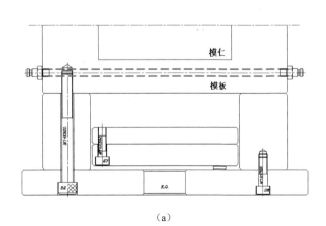
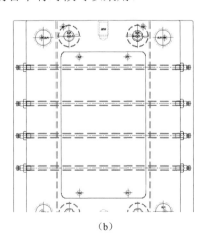

（a）   （b）

图 8-1 模板平行直通式水路

如果冷却水道穿过模仁，则为防止漏水，需要采用加长水嘴，水嘴的螺纹必须锁在模仁上，如图 8-2 所示。需要说明的是，也可采用模仁侧面加防水胶圈的形式，但这种形式不易安装且防水效果差，一般情况下较少采用。

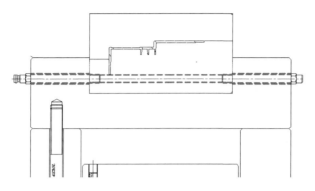

图 8-2　模仁平行直通式水路

非平行直通式水路的冷却水道相互交接且在同一平面内。冷却水道可以根据需要从不同方向开钻，用堵头堵住一侧，从而构成一个循环回路，这种形式可以达到比较好的冷却效果，如图 8-3 所示。

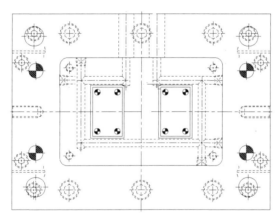

图 8-3　模仁非平行直通式水路

如果产品较深，运水也可设计成多层回路，如图 8-4 所示。

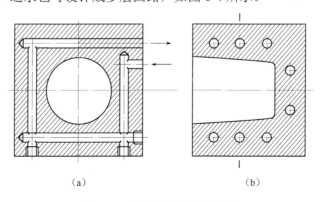

（a）　　　　　　　　　　　（b）

图 8-4　多层非平行直通式水路

8.1.2　阶梯式水路

阶梯式水路是目前很常用的一种冷却方式，其结构形式是在模板上固定好水嘴之后，冷却水道从模板钻入，然后穿过模板进入模仁，在模仁里面绕一周，之后再次进入模板，从另一端的水嘴出来，如图 8-5 所示。

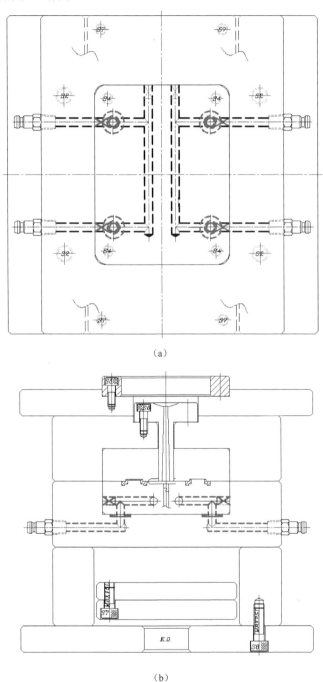

（a）

（b）

图 8-5　阶梯式水路

阶梯式水路常用两个辅助零件来密封隔水：一个是挡水圈，冷却水道穿过模板与模仁的地方需要用挡水圈；另一个是堵头，堵头可以用无头螺钉或铜来代替。阶梯式水路的路线变化多端，可根据产品的具体形式和模具结构来定。

8.1.3　隔板式水路

隔板式水路也称为水井式水路，如图 8-6 所示。这种水路的特点是在模仁里面挖了几个较大、较深的水孔，然后用一个厚度约为 3mm 的薄片（一般用铜片或铝片，以防生锈）把这个水孔一分为二，用小的水路把这些大水孔联通。水井的直径一般取 16mm、20mm、25mm。

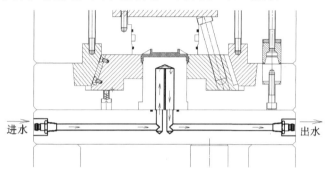

图 8-6　隔板式水路

8.1.4　盘旋式水路

图 8-7 所示为典型的盘旋式水路，在镶件上加工了螺槽，镶件中心钻孔，冷却水从螺槽一侧进入，盘旋上升至顶端，在此过程中对产品进行冷却，然后从中心孔出去。盘旋式水路非常适用于桶状的产品，在进行设计时需要注意两点：一是镶件需要密封，所以不能没有防水胶圈；二是镶件需要固定，防止转动。

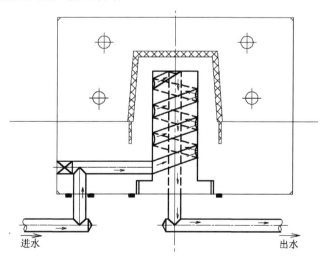

图 8-7　典型的盘旋式水路

8.2 设计要点

前面介绍了冷却系统的几种常见形式，具体的设计细节有许多需要注意的地方，现归纳如下，仅供参考。

（1）冷却水道是通过麻花钻加工出来的，选择钻头即可确定冷却水道的直径。冷却水道的直径通常为 6～12mm，常用的有 8mm 和 10mm，6mm 和 12mm 较少用。在整个模具水路中，冷却水道的直径尽量取一致的，以方便加工。

（2）对于自动成型的模具（用于卧式注塑机），运水水嘴最好不要设置在模具天侧，如图 8-8 所示，以免给自动化的机械手操作带来障碍，同时如果运水水嘴设置在模具天侧，则在拆装运水时，冷却液易流入模具型腔。运水水嘴设置在模具地侧也不好，在自动成型时，产品或浇注系统凝料有可能会挂在水管上掉不下来，如果采用机械手自动抓取产品，则可以考虑将运水水嘴设置在模具地侧。所以运水水嘴最好设置在注塑机背后，也就是非操作侧，如图 8-9 所示，以免影响操作员工作。

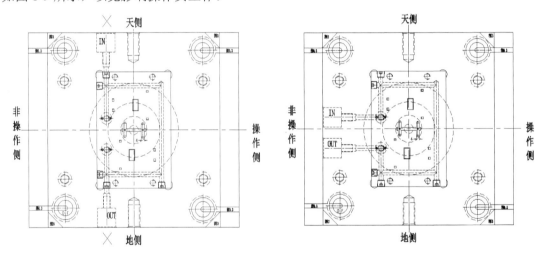

图 8-8 运水水嘴不要设置在模具天侧或地侧　　　图 8-9 运水水嘴设置在模具非操作侧

（3）在保证钢料机械强度的前提下，冷却水道应沿产品均匀布置且到产品的距离应保持一致，以加强冷却效果，使模具温度均匀；冷却水道离模具型腔的距离不能太远也不能太近，距离太远影响冷却效果，距离太近影响模具强度，通常其距离为 10～18mm。冷却水道之间的中心距离保持在冷却水道直径的 5 倍左右，如图 8-10 所示。

（4）尽量降低冷却水道入口和出口的水温差，这就要求冷却水道尽可能短，若冷却水道太长，则不可避免地会造成较大的水温梯度变化，导致冷却水道末端水温较高，从而影响冷却效果。可将水路分成若干条独立回路，以增大冷却液的流量，减少压力损失，提高传热效率。图 8-11 （a）中只有一组水路，冷却水道长度过长，导致入口和出口水温差较大，会造成模具冷却不均匀，冷却效果不佳；图 8-11 （b）中设计了三组水路，冷却水道缩短，模具冷却均匀，冷却效果较好。

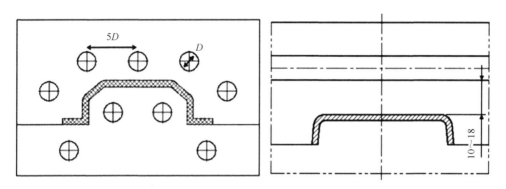

图 8-10 冷却水道参考尺寸

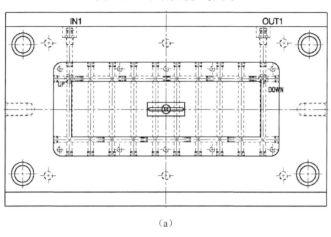

（a）

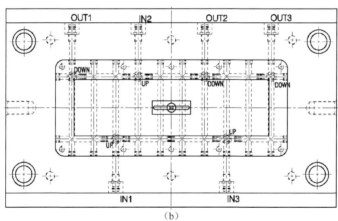

（b）

图 8-11 冷却水道尽量缩短

（5）冷却水道到镶件、顶针的距离最少为 4mm，到螺钉的距离最少为 5mm；冷却水道不能有太长的死角，以免冷却水回流影响冷却效果，如图 8-12 所示。

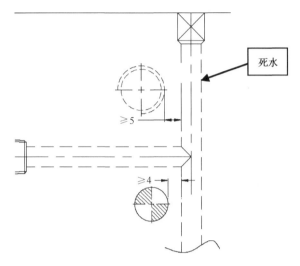

死水

图 8-12　冷却水道的位置要求

思　考　题

产品图如图 8-13 所示，根据以下要求设计模具的冷却水路：

① 一模两腔；

② 1∶1 绘制模具组立图；

③ 标数。

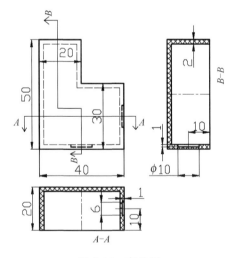

图 8-13　产品图

第9章 三板模设计

1. 掌握点浇口的概念及适用场合。
2. 掌握三板模的工作原理。
3. 掌握简化型细水口模架与细水口模架的区别及适用场合。
4. 掌握三板模的浇注系统设计要点。
5. 掌握三板模的开合模限位装置的设计要点。

┌──────────────┐
│ 能力目标 │
└──────────────┘

1. 能够合理选择三板模的模架。
2. 能够合理设计三板模的浇注系统。
3. 能够合理设计三板模的开合模限位装置。

┌──────────────┐
│ 思政目标 │
└──────────────┘

1. 三板模的结构相对复杂，各个模具零件的尺寸关系相对复杂，在设计过程中需要学生认真、仔细地学习，有助于培养学生科学严谨的工作态度及仔细认真的工作习惯。

2. 本章内容相对简单，需要学生自己找参考资料进行强化学习，详细、认真、完整地设计出一套三板模，有助于培养学生的自学能力、钻研能力。

本章介绍三板模设计，之所以把三板模放到后面讲，主要是因为三板模开模比较复杂，学生一上来就学习三板模比较难理解。另外，三板模的大部分结构设计，如分型面、顶出系统、冷却系统等与二板模是类似的，所以先讲二板模对学习三板模很有帮助且便于理解。二板模与三板模最大的区别在于进胶系统的设计不同，因此其模架结构有较大差异。

9.1 二板模无法解决的问题

前 8 章主要以大水口模具为例来介绍模具结构，大水口模具也就是二板模，多应用于简单的中小型产品成型。进胶方式可分为直接式浇口、侧浇口、潜伏式浇口等。这几种浇口形式基本上能够满足大多数产品成型的要求。

在实际生产中，有一些产品不能采用二板模成型，或者说二板模结构满足不了其成型要求。这类产品很多，应用很广泛，具有典型意义。例如，图 9-1 所示为矿泉水瓶盖，它的表面不允许有浇口痕迹，对外观质量要求较高。若采用直接式浇口，很显然不合适，因为成型后产品表面上将有明显的浇口痕迹，况且产品本身也不大；若采用侧浇口，勉强可以，但盖子底面会有浇口痕迹，能够看出来；若采用潜伏式浇口，虽然解决了外观问题，但增加了加工难度，而且去除进胶处的潜胶残料比较麻烦，所以以上浇口都不适用。

图 9-1　矿泉水瓶盖

在实际生产中，多用一种称为点浇口的进胶方式来成型此类产品。点浇口又称为橄榄形浇口或菱形浇口，其因直径很小，看似一个针孔，故有点浇口之称。

由于点浇口尺寸很小，因此去除浇口后残留痕迹小，不明显，对产品外观影响不大。在一些对质量要求较高的产品，如手机外壳等产品中广泛使用。

图 9-2 所示为采用点浇口的模具结构图。当然，这仅是按照前面所学的二板模结构的设计思路设想的一种采用点浇口的模具结构图。请仔细看这幅图，并思考这样一个问题：浇注系统凝料能否脱出？

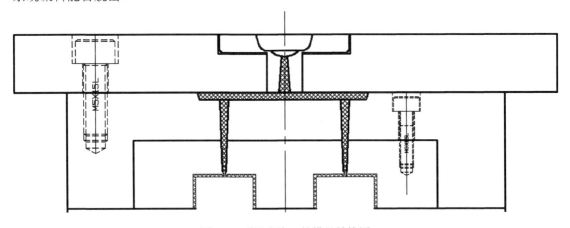

图 9-2　采用点浇口的模具结构图

9.2　三板模的工作原理

下面以图 9-3 为例来说明三板模的工作原理。需要说明的是，对图 9-3 做了必要的简化处理，以净化图面，突出重点。

在打开模具时，有三个可能的分型面，分别是①、②、③ 处。由于尼龙扣塞对定模板的摩擦阻力，在三个分型面中，③处的打开将非常困难，除非有足够的拉力能够克服这个摩擦阻力；相对而言，①、②处则容易打开，因为①处的打开需要克服点浇口与产品的连接力，此力很小，②处的打开则需要克服浇注系统凝料对水口钩针的包紧力，这个力也不像尼龙扣塞对定模板的摩擦阻力那么大。因此第一次分型，将会选择使模具在①处或②处打开。

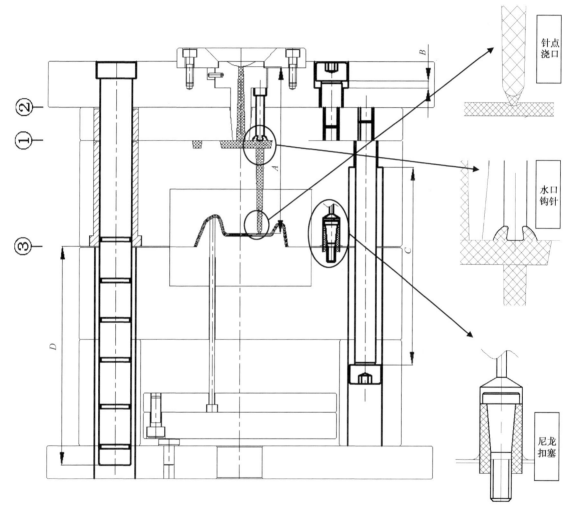

图 9-3　三板模结构图

　　基于以上分析，由于点浇口与产品的连接力相对于浇注系统凝料对水口钩针的包紧力更小，故模具首先从①处打开，如图 9-4 所示。打开的距离要保证能够用手把浇注系统凝料从浇口套里面取出来。因此，这个距离=浇注系统的总长度+10～20mm。这个距离也就是大拉杆的限位距离 C。

模具第一次分型后，动模移动距离达到大拉杆的限位距离时，大拉杆限位台阶将碰到动模板，由于尼龙扣塞对定模板的摩擦阻力绝对大于浇注系统凝料对水口钩针的包紧力，故模具第二次分型不会从③处打开，而会从②处打开，此时水口推板将在大拉杆的带动下，把浇注系统凝料从水口钩针上剥出去，如图9-5所示。

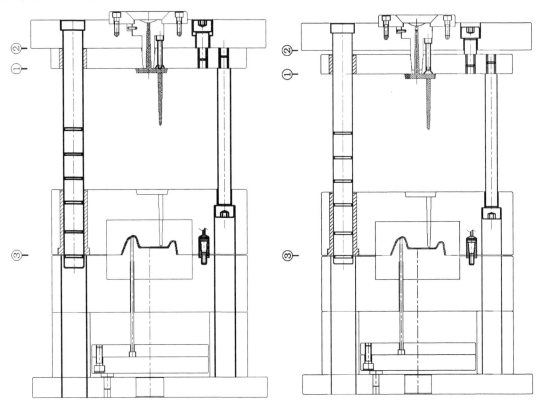

图9-4　第一次分型　　　　　　　　　　　图9-5　第二次分型

水口推板上锁有一个限位小拉杆，它将限制水口推板的移动距离。当水口推板把浇注系统凝料从水口钩针上剥离后，小拉杆的限位台阶将碰到定模底板，而定模底板是固定不动的，故小拉杆不再运动。若小拉杆不动，与它相连的水口推板就不动。同样的道理，水口推板不动，锁在上面的大拉杆就不再动，与大拉杆限位台阶相碰的定模板也将不再跟随动模移动，经过这一串连锁反应，模具最终在③处打开，如图9-6所示。

模具从③处打开后，注塑机顶棍顶动顶出板，将产品顶出，如图 9-7 所示。此时可将产品和浇注系统凝料取出，然后模具闭合，周而复始，循环生产。

以上即三板模的工作原理，是以简化型细水口模具为例介绍的，细水口模具的工作原理与此相同，此处不再赘述。现在请思考两个问题：模具先从①处打开或先从②处打开，对产品顶出有影响吗？严格限定这两处的打开顺序有必要吗？

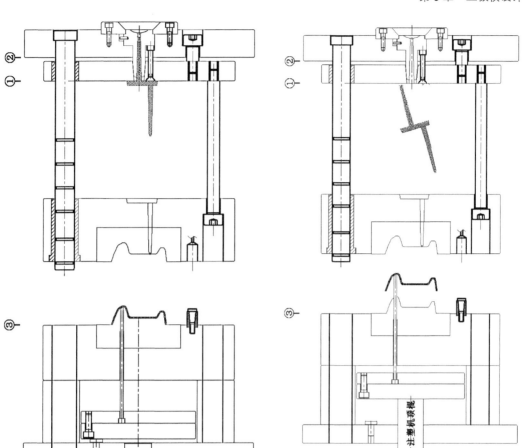

图 9-6　第三次分型　　　　　　　　　　图 9-7　顶出产品

9.3　三板模标准模架

与二板模一样，三板模也有对应的标准模架，其标准模架有两种类型：一种是细水口模架；另一种是简化型细水口模架。二板模与三板模的标准模架的主要区别如下。

（1）三板模的标准模架多了一块板——水口推板。这块板在定模底板和定模板之间，是可移动的。

（2）三板模的标准模架少了几颗锁紧螺钉。由于水口推板是可移动的，故少了定模底板和定模板的锁紧螺钉。

（3）三板模的标准模架多了几套导柱导套，并且多的这几套导柱导套是绝不能缺少的。

图 9-8 所示为典型的细水口模架图。为清楚表达细水口模架里面的相关组件，把模架图里面的动模部分视图和主视图并列放在一起说明，如图 9-9 所示。

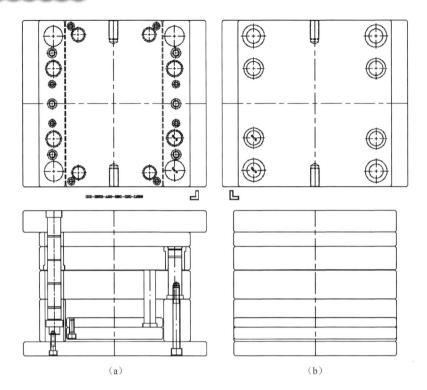

（a）　　　　　　　　　　　　　（b）

图 9-8　典型的细水口模架图

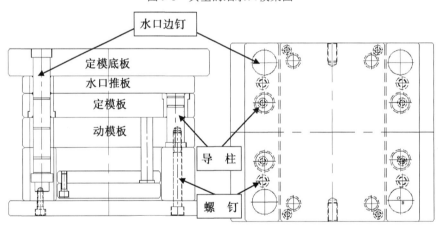

图 9-9　细水口模架结构

由图 9-9 可以看出，细水口模架相比大水口模架多了一个水口推板和一套水口边钉。水口边钉即导柱，在细水口模架中，这四根导柱是倒装的，在整个动模上面没有加导套，模板都是避空的，它的主要作用在于导正水口推板和定模板。

图 9-10 所示为典型的简化型细水口模架图。为清楚表达简化型细水口模架里面的相关组件，把模架图里面的动模部分视图和主视图单独并列放在一起说明，如图 9-11 所示。

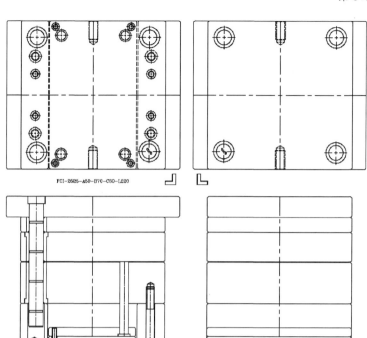

（a）　　　　　　　　　　　　　（b）

图 9-10　典型的简化型细水口模架图

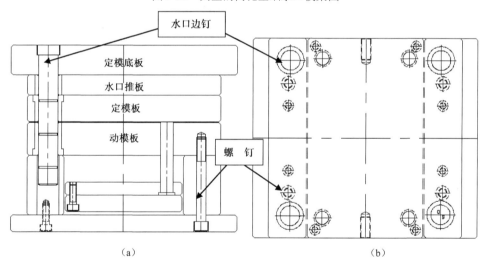

（a）　　　　　　　　　　　　　（b）

图 9-11　简化型细水口模架结构

　　由图 9-11 可以看出，简化型细水口模架与大水口模架的主要区别在于多了一个水口推板。另外，简化型细水口模架里面的水口边钉也是倒装的。

　　以上就是细水口模架与简化型细水口模架的示意图，它们与大水口模架一样，各自有不同的型号，为叙述方便起见，在此我们仅选了其中一种典型的型号来讲解。在实际设计时，读者可参考供应商提供的标准模架资料。

　　那么细水口模架与简化型细水口模架有什么区别呢？

简化型细水口模架是由细水口模架演化而来的，如图9-12所示，从模架上来说，其区别在于简化型细水口不但少了一套导柱，而且模架里面的导柱头部没有拨块。

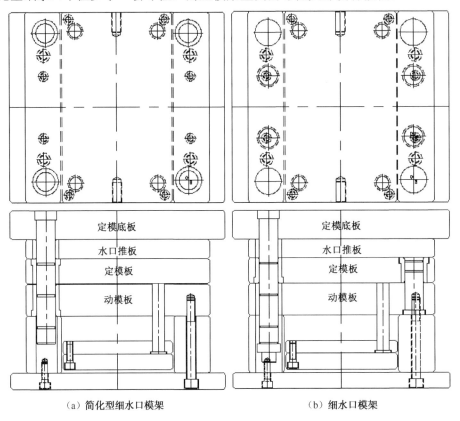

（a）简化型细水口模架 　　　　　　　（b）细水口模架

图 9-12　简化型细水口模架与细水口模架的区别

细水口模架是所有标准模架里面最复杂的模架，其动作控制最多，同时也是最贵的模架。

简化型细水口模架相对于细水口模架来说，寿命短、精度低，但其结构简单、成本低、运用灵活，适用于产品产量较少，质量、精度要求不高的情况。

一般情况下，如果仅从模具大小的角度考虑来选取模架，那么大于 3030 的模架可选细水口模架，小于 3030 的模架可选取简化型细水口模架。

尽管细水口模架和简化型细水口模架有些不同，但其内部结构设计都是一样的，为叙述方便起见，下面以简化型细水口模具结构为例重点讲解进胶系统及开模控制系统的设计，细水口模具相关部分设计与此相同。

9.4　浇注系统设计

细水口模具浇注系统的设计方法与大水口模具浇注系统的设计方法是基本相同的，区别仅在于一些个别的地方，如浇口套、流道、冷料井、浇口与水口钩针等。

1. 浇口套

三板模常用的浇口套有两种形式：一种是定位环和浇口套连体的形式，注意要做避空设计，如图 9-13 所示；另一种是定位环和浇口套分体的形式，注意浇口套要做斜度，倾斜角度常取 10°或 5°，斜面封胶不少于 8mm，浇口套要做防转设计，如图 9-14 所示。

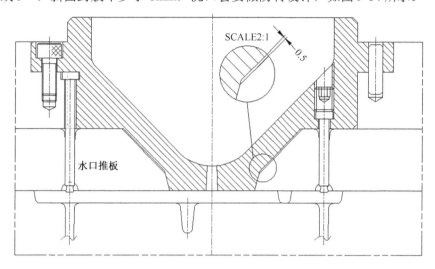

图 9-13　定位环和浇口套连体的形式

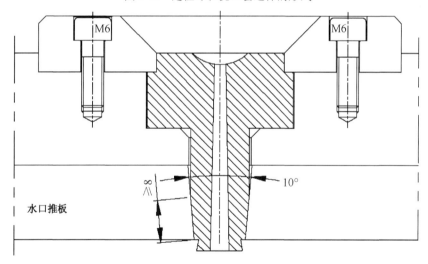

图 9-14　定位环和浇口套分体的形式

这两种浇口套前端均要做斜度，以防止和水口推板摩擦，从而发生磨损、漏胶甚至咬死的情况，还要在浇口套前端做倒钩，以利于将料头从浇口拉出。

2. 流道、冷料井、浇口与水口钩针

（1）流道不能开设在水口推板上，只能开设在 A 板上，其截面多采用梯形截面，也有采用 U 形截面和半圆形截面的。但半圆形截面流道在细水口模具中用得比较少。

（2）主流道的冷料井需要做斜度，不需要拉料杆。

（3）水口钩针，即浇注系统的拉料钩针，其直径可参考流道尺寸来选取，流道多大，水口钩针就取多大值或与其相近。本例中水口钩针直径为5mm。

（4）水口钩针一般固定在定模底板上，可以用浇口套压住或用定位环压住，也可以直接用自攻螺钉压紧。

（5）浇口上方要做水口钩针，水口钩针应正对着浇口竖流道的中心线，如图9-15所示。如果由于某种原因实在无法对齐，那么可以沿流道方向移动5~10mm，如图9-16所示。如果浇口比较长且流道有曲线变化时，则应每隔一段距离在流道转弯处增加水口钩针。

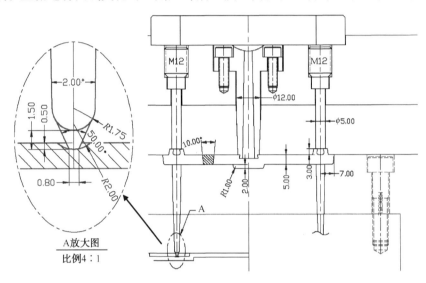

图9-15　水口钩针设计在浇口竖流道正上方

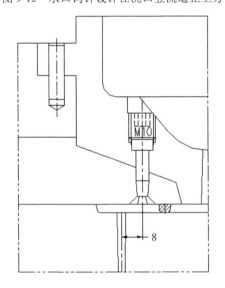

图9-16　钩针偏位

（6）水口钩针应与流道平齐或向上移动0.5~1mm，否则水口钩针会阻挡熔体流动，在浇口内产生螺旋水流，影响充模质量，如图9-17所示。

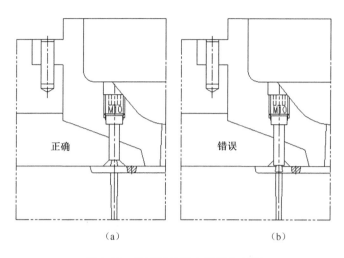

（a）
（b）

图 9-17 钩针不能超出流道上表面

（7）浇口竖流道穿过定模板和模仁，如果定模板与模仁接触位置的竖流道口直径大小一样，那么当加工过程中产生中心偏差时，极有可能导致浇口凝料拉不出来，为了防止此种情况发生，一般常做偏移处理，保证竖流道在定模板上的小端半径比在模仁上的大端半径大0.2mm，如图 9-18 所示。这样即使加工有一些误差，或者配模时有偏差，浇口凝料一样可以顺利拉出来。

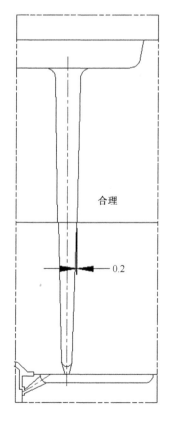
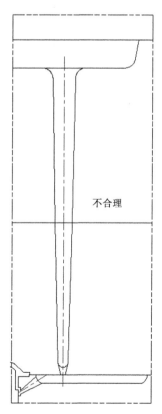

图 9-18 竖流道需要有单边 0.2mm 段差

9.5 限位装置设计

为保证三板模能够按次序开模，必须设计一套限位装置，以精确控制相关各板的移动距离，保证产品及浇注系统凝料的顺利脱出。限位装置有多种形式，本节仅介绍一种简单的形式。控制开模顺序的装置如图 9-19 所示，它由大、小拉杆和尼龙扣塞等组成。

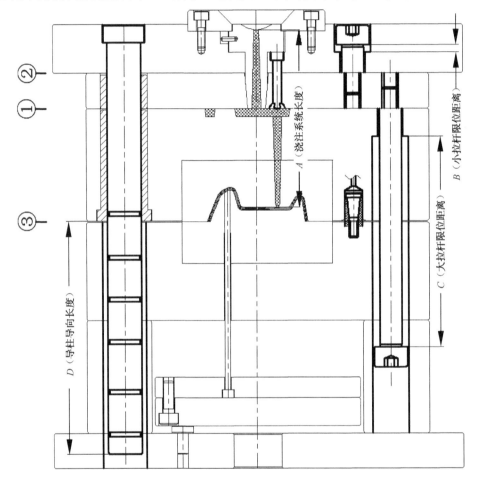

图 9-19 控制开模顺序的装置

9.5.1 限位拉杆设计

限位拉杆有两种：一种是大拉杆，也称为细水口限位拉杆；另一种是小拉杆，也称为等高螺钉或塞打螺钉，它们的头部攻有螺纹，可锁在模板上，尾部有台阶，可用于定位，限位就是靠这个台阶实现的。小拉杆实物图如图 9-20 所示。

图 9-20　小拉杆实物图

1. 小拉杆设计

小拉杆的参考尺寸如图 9-21 所示，其直径可参考回针的大小来选取，如果模具中回针直径为 16mm，则小拉杆的直径可选取 16mm、15mm 或 17mm。小拉杆的限位距离一定要大于水口钩针的抓料高度，如图 9-22 所示，如果水口钩针的抓料高度为 3mm，则小拉杆的限位高度要大于 3mm，这样才能保证水口推板把浇注系统凝料从水口钩针上剥离。

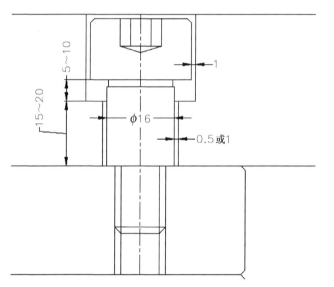

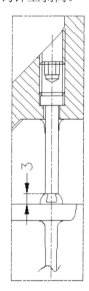

图 9-21　小拉杆的参考尺寸　　　　图 9-22　水口钩针的抓料高度

图 9-23 所示为小拉杆在定模俯视图中的位置。小拉杆的位置一般在大拉杆的附近，但不能与导柱、导套等冲突，通常取 4 根，且要均匀对称分布，以使力量平衡，当模具特别小时，可考虑取 2 根，对称分布。小拉杆的位置要以模具中心为坐标原点取整数，以方便加工。

2. 大拉杆设计

大拉杆头部应锁在水口推板上，其限位距离 $C=A+20\sim30mm$，其中 A 为浇注系统长度。如果大拉杆长度与模脚发生干涉，则可在模脚里面做避空设计，也可根据需要在动模底板里面做避空设计。大拉杆直径可参照模具所用回针的大小来选取，如果回针用 16mm 的，则大拉杆直径可选取 16mm、15mm 或 17mm。

图 9-24 所示为大拉杆在定模俯视图中的位置。大拉杆一般设置在长、短导柱之间，这样不至于影响取产品，大拉杆通常取 4 根，且要均匀对称分布，以使力量平衡，当模具特别小时，可考虑取 2 根，对称分布。其位置要以模具中心为坐标原点取整数，以方便加工。

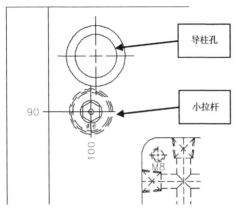

图 9-23　小拉杆在定模俯视图中的位置　　　　图 9-24　大拉杆在定模俯视图中的位置

3. 组合式拉杆结构

在实际设计时，也可采用组合式拉杆结构，类似于将小拉杆与大拉杆通过螺钉连接在一起的形式，如图 9-25 所示。需要注意的是，拉杆并不会和顶出板发生干涉，在顶出时，拉杆早已由于限位而避开。

限位装置设计还有多种变通的形式，但其分型原理都是一样的，故不再赘述。

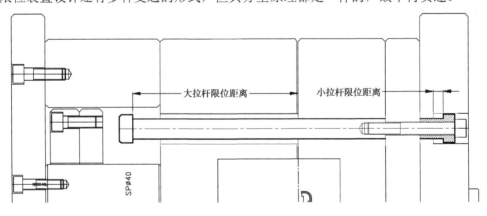

图 9-25　组合式拉杆结构

9.5.2　尼龙扣塞设计

尼龙扣塞也称为尼龙扣基、尼龙柱销。如前所述，尼龙扣塞主要用于延迟定、动模板的分型。只有开模力大于尼龙扣塞对定模板的摩擦力时，模具才能够从定、动模处分开。图 9-26 所示为尼龙扣塞实物图。

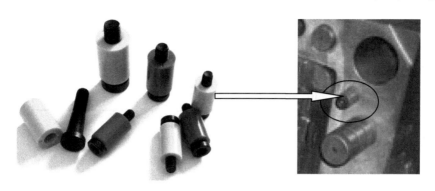

图 9-26 尼龙扣塞实物图

　　尼龙扣塞的结构是在尼龙套中加一颗螺钉，如图 9-27 所示，然后把它固定在动模板上，可通过调整螺钉的松紧来控制尼龙胶圈的膨胀。在开模过程中，利用尼龙扣塞和定模板之间的摩擦力带动模板运动。

　　尼龙扣塞的直径可根据回针直径来选取，如果回针直径是 15mm，则尼龙扣塞的直径可取 15mm，也可取 13mm 或 16mm。

　　通常情况下，尼龙扣塞在定模板上的位置是正对着定模的大锁紧螺钉的，也根据实际情况适当进行偏移，总之，其位置常常分布在模架的边缘。一般来说，要均匀布置 4 个尼龙扣塞。

　　在安装尼龙扣塞时，其要沉入动模板 2～3mm，而定模板上与尼龙扣塞对应的孔边缘也要倒 2～3mm 的圆角，同时孔内部还要做一个直径为 3mm 的逃气孔，如图 9-28 所示。

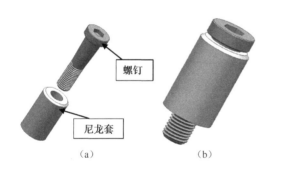

图 9-27 尼龙扣塞的结构

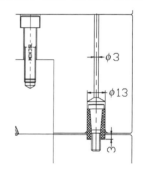

图 9-28 尼龙扣赛的安装方式

　　可通过旋动螺钉来改变摩擦力的大小，螺钉压缩尼龙胶圈，摩擦力将会加大。

　　一般来说，当模具尺寸小于 3030 时，可考虑采用尼龙扣塞来控制模具的开闭。由于尼龙扣塞安装简单，操作方便，故对于一些简单的小型模具来说还是比较适用的。

9.6 水口边钉导向长度的计算

　　水口边钉，在三板模中往往是倒装的，即水口边钉是固定在定模上的。在三板模开模过程中，水口推板和定模板在水口边钉上滑动，如图 9-29 所示。所以，水口边钉承担着两个任务：一是精确导向；二是承担模板质量。

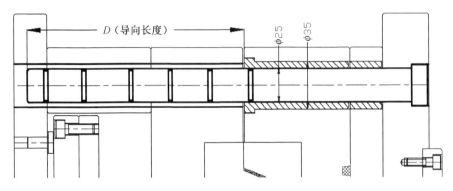

图 9-29　水口边钉

当模具的模板很重时，为保证水口边钉不至于受压弯曲变形，其直径要足够大，具体多大往往要通过相关公式计算得出，在实际设计时常根据经验来选择。由于模架上一般都带有水口边钉，所以我们可不考虑其直径。

在开模过程中，为防止定模板滑出水口边钉，其导向长度需要精确控制。有一个经验公式可供设计时参考：D（导向长度）=大拉杆限位距离+小拉杆限位距离+安全余量（2～5mm）。

思 考 题

产品图如图 9-30 所示，要求设计该产品的模具图，具体要求如下：

① 一模四腔；

② 点浇口进胶；

③ 1∶1 绘制组立图；

④ 不考虑缩水及拔模。

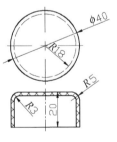

图 9-30　产品图

第 10 章　注塑模具设计基本流程

前面几章介绍了模具设计的基础理论，旨在使学生对模具的基本结构有一定了解。然而，"纸上得来终觉浅，绝知此事要躬行"，理论上的东西看好几遍，也不如亲自动手设计一遍效果好，因为只有在动手设计的过程中，学生才能发现自己还有什么地方没有掌握，哪些方面还不清楚，才会激发自己的学习兴趣，促使自己主动去查资料，寻找解答方法，这样设计水平才会不断提高。学习中碰到的问题多，说明自己在不断地进步。

本章重点阐述注塑模具设计基本流程，首先绘制模具装配图，然后进行模板零件的绘制及 3D 分模，最后完成所有零件图的绘制。有的企业实现了全 3D 化设计，其注塑模具设计流程就与这个流程有所不同。注塑模具设计没有统一的标准，所以本章所述内容仅代表笔者个人设计经验及看法，仅供参考。

10.1　模具图纸介绍

在模具加工现场，图纸非常重要。无论是加工还是技术交流及与客户讨论等都离不开图纸。

这里所谈的图纸不仅包括打印出来的图纸，还包括电子图档。尽管计算机的使用在模具企业已相当普及，许多模具企业完全可以做到无纸化加工制造，但打印出来的模具图纸在加工现场依然必不可少。清晰干净、准确无误的模具图纸将使得模具加工出错率低、速度快、质量高、计算量小。如果模具图纸画得很差，错误频出，则会严重干扰各工序的加工安排，增加出错率，甚至会导致零件报废等。

常用的模具图纸包括产品图、组立图、散件图、线割图和冷却水路图等。

10.1.1　产品图

模具设计中的产品图与普通机械设计中的产品图既有相似之处，又有区别。相似之处在于都是对某个零件的外形尺寸及内部结构进行表达；区别在于表示方法略有差异。产品图的作用主要有两个：一是为 2D 排位提供图样；二是作为一种检验标准，供有关人员进行尺寸核对，防止出错。所以，有的厂家通常要求出两份产品图。

产品图一般是通过 3D 软件建模，然后转图，继而进行必要的修改、标数及注明要求等操作后形成的。在极少数情况下是用 AutoCAD 直接画出来的，除非产品特别简单。

产品图一般由客户提供，但实际上大多数情况下是由模具设计师在做设计的时候直接完成的。图 10-1 所示为产品图示例。

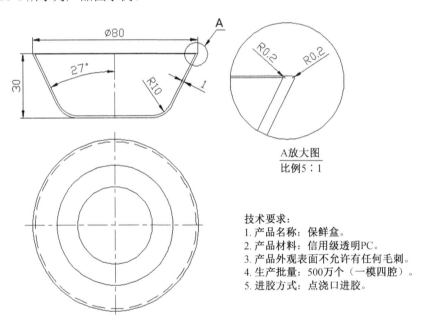

技术要求：
1. 产品名称：保鲜盒。
2. 产品材料：信用级透明PC。
3. 产品外观表面不允许有任何毛刺。
4. 生产批量：500万个（一模四腔）。
5. 进胶方式：点浇口进胶。

图 10-1　产品图示例

10.1.2　组立图

组立图也称为装配图、排位图。组立图的主要作用是表达整套模具的内部结构，钳工可根据组立图进行配模。

一般情况下，组立图包括四个视图，分别为定模部分俯视图、动模部分俯视图、主视图、侧视图。当然，如果四个视图不足以表达模具的内部结构，还可根据情况再增加主视图和侧视图。

定模部分俯视图是指假设把模具从分型面处打开，然后从分型面向定模方向看去所得到的视图。看到什么画什么，看不到的部分可用虚线表示；动模部分俯视图是指假设把模具从分型面处打开，然后从分型面向动模方向看去所得到的视图，如图 10-2 所示。

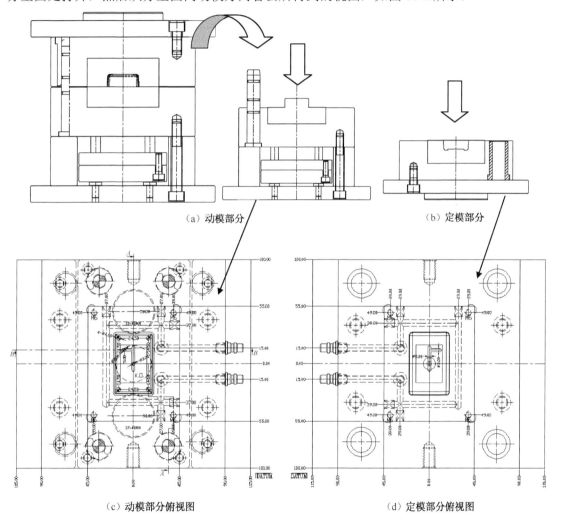

（a）动模部分　　　　　　　　　　　（b）定模部分

（c）动模部分俯视图　　　　　　　　　（d）定模部分俯视图

图 10-2　定、动模部分俯视图

仅靠定、动模部分俯视图还不能完整表达模具的内部结构，主视图和侧视图均是剖视图，它们从不同方位把模具剖开来表达其内部结构，如图 10-3 所示。

一般情况下，主视图要剖到模脚，而侧视图不用剖到模脚。主视图和侧视图上所表达的结构并不是严格规定的。例如，进胶系统不一定非要在主视图上表达，在侧视图上表达也可以，只要能清楚表达模具的内部结构即可。

完整的组立图应该包括标题栏、明细表、浇口放大图、技术要求等，如图 10-4 所示。

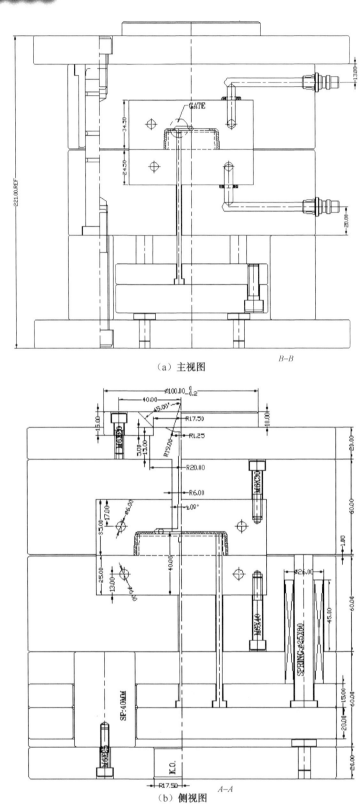

（a）主视图

（b）侧视图

图 10-3　主视图及侧视图

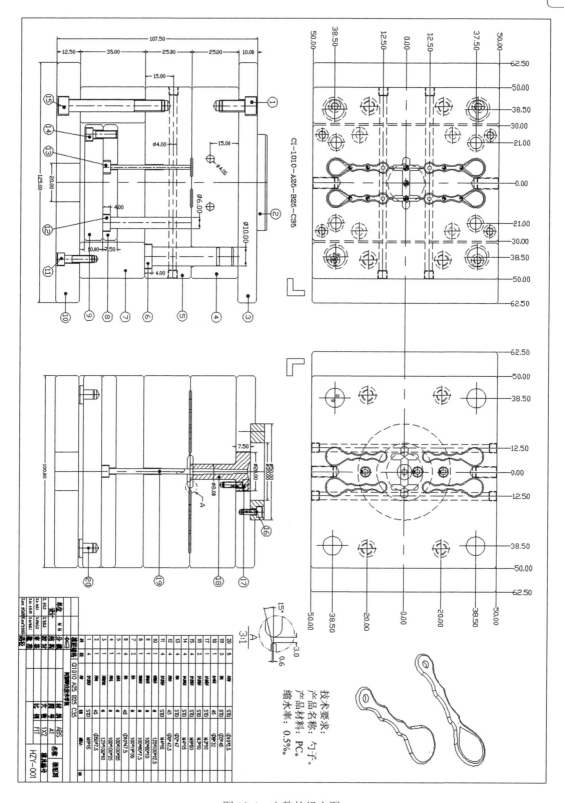

图 10-4　完整的组立图

需要说明的是，有些小厂家为了赶时间通常不绘制组立图，只绘制零件图（散件图），而有的大厂家往往要求必须绘制组立图，不同厂家要求不一样。不绘制组立图的前提是模具设计师和钳工对模具的内部结构十分熟悉，并且钳工的技术水平比较高，不需要组立图根据自己丰富的配模经验也可以完成任务。

绘制完备的组立图对模具企业来讲是十分必要的，因为这不但方便钳工配模，检查设计错误，而且有利于技术交流及细节查询。对于初学模具设计的人来说，掌握组立图的详细绘制方法是独立进行模具设计的必经之路。

在绘制组立图的时候要注意一点，在实际模具设计中，有许多组立图并未严格按照机械制图的规则来画，如明明剖面线走到了某个部位，在主视图上却没有表达这个部位，而是画了同一个地方的其他结构。这种现象在组立图中很常见。

绘制模具的组立图完全是为了清楚地表达模具的内部结构，在尽量少用虚线的前提下，有时某个部位不会按照正规机械制图的规则来画，否则，模具内部结构难以表达清楚。

10.1.3　散件图

组立图上可以标注尺寸，可以把全部尺寸标注出来，也可以把大致尺寸标注出来，在散件图上再详细标注。散件图也称为零件图，可供加工师傅参考。一套模具中有哪些零件需要绘制散件图的呢？有些厂家要求严格，要求绘出全部散件图（除极个别的零件以外，如螺钉）。有些厂家只要求绘出一些板类、模仁的散件图。因此，绘制散件图要分情况，根据各厂家的要求不同而不同。

简单的散件图可通过直接拆分组立图得到。例如，定模底板的散件图由于很简单，可以通过直接把组立图中其他多余的图元删掉，只剩下定模底板得到。但较为复杂的或仅靠拆分组立图不能完整表达结构的一些零件，就需要通过 3D 软件转图得到。动模底板图纸和定模仁图纸如图 10-5 和图 10-6 所示。

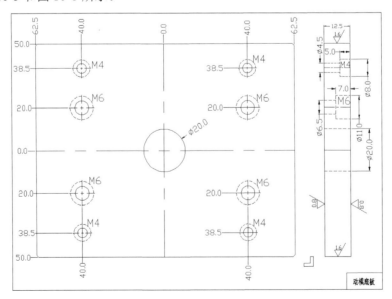

图 10-5　动模底板图纸

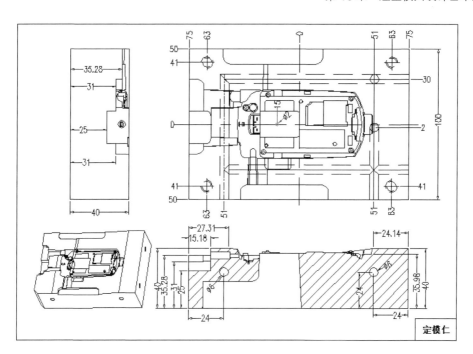

图 10-6　定模仁图纸

10.1.4　线割图

线割图是专门供线割机床加工时参考的图纸。线割的部位一般有两种：一种是模具镶件、顶针、司筒等；另一种是斜顶。

绘制镶件的线割图较为简单，只需将组立图中除镶件部分以外的其他图元删掉，标注必要的尺寸即可。定模线割图如图 10-7 所示。

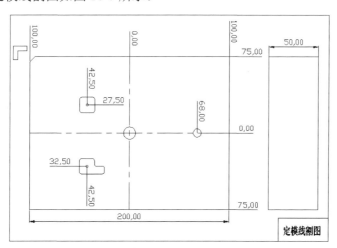

图 10-7　定模线割图

斜顶的线割主要是指割出斜顶的滑动导向位部分，而斜顶的封胶位和水平定位是无法线割出来的。如果斜顶数量较多，而且模具一模多腔型芯高度也不一样，则一般以模具分型面为基准面将型芯剖开；如果分型面不是平面，则找出型芯上一个比较大的平面为基准面，以便让线割师傅碰线以确定高度。出图的时候一定要将斜顶的直身位去除，否则会割大。

线割图要出两个视图：一个是主视图，用于确定斜顶的大小及位置；另一个是俯视图或左视图，用于确定倾斜方向和角度。斜顶线割图如图 10-8 所示。

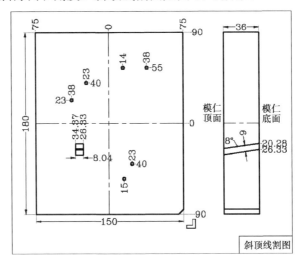

图 10-8　斜顶线割图

10.1.5　冷却水路图

为了加工方便，有些厂家要求将冷却水路单独出一张图。实际上，在绘制组立图的时候，已经把冷却水路设计好了，因此可直接在组立图上拆分出冷却水路图。动模水路图如图 10-9 所示。

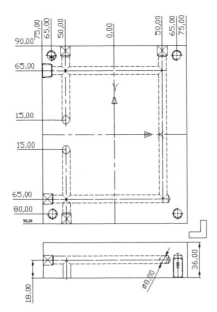

图 10-9　动模水路图

10.2　设计案例

如图 10-10 所示，该产品为一面盖，中间有方孔，产品材料为 ABS。客户要求产品外观面平整、光洁，无飞边、喷痕等缺陷。客户提供了 3D 图档。

（a）

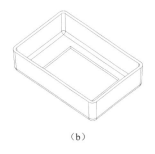
（b）

图 10-10　面盖产品图

10.2.1　产品分析

使用 3D 软件，对产品进行分析。产品的外形尺寸为 60mm×40mm×15mm，无复杂内部结构，比较简单。经过拔模检测，发现产品已经拔模。

10.2.2　转图

在模具厂，模具设计师的核心工作是 3D 分模和 2D 排位。当然，有些厂家可能分工更细，3D 分模和 2D 排位分别由不同的人来做。但无论如何，这两方面的工作是必不可少的。在实际设计时，可先进行 3D 分模，再进行 2D 排位；也可先进行 2D 排位，再进行 3D 分模。至于先做什么后做什么，根据加工现场的实际情况来定，也和模具设计师个人习惯有关。事实上，3D 分模和 2D 排位并没有严格的顺序，为了赶时间，通常情况下是交互进行的。在本案例中，为了教学，有意识地先进行 2D 排位后进行 3D 分模。

要画模具的组立图，需要有产品图，产品图可以用 3D 软件转出来，即从 3D 图转成 2D 图，可以得到产品的各个视图，这样做便于进行 2D 排位操作。对于一些极其简单的产品，可直接用 AutoCAD 画产品图，绝大多数的产品，均需要从 3D 图转成 2D 图，才能进行 2D 排位。使用 3D 软件对该产品进行转图操作，如图 10-11 所示。

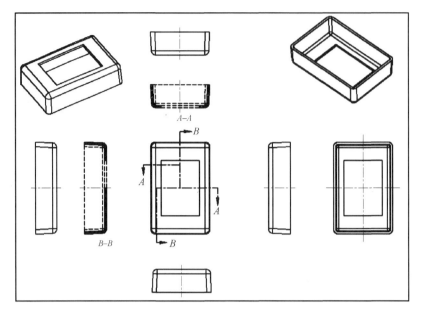

图 10-11 产品 2D 图

10.2.3 绘制产品检测图及加工图

对转到 AutoCAD 里面的产品视图进行编辑修改，然后绘制一份产品检测图，以备检查，产品检测图要进行线性标注，对一些关键尺寸进行标注即可，如图 10-12 所示。另外，还需要绘制一份产品加工图，供加工时核对检查，产品加工图需要采用坐标方式标注，如图 10-13 所示。

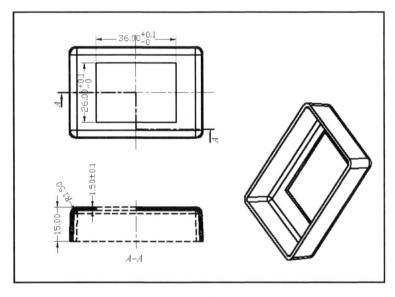

图 10-12 产品检测图

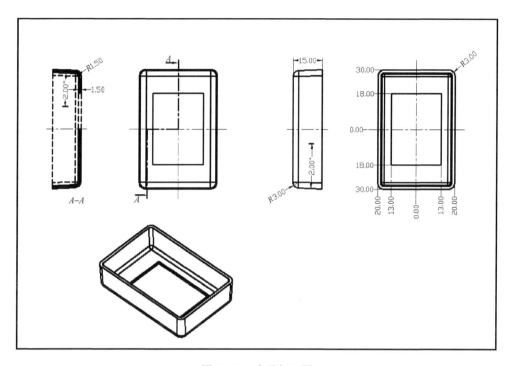

图 10-13　产品加工图

10.2.4　镜像、放缩水

不能用由 3D 图转来的 2D 图直接进行 2D 排位，因为还没有做镜像处理。首先需要对产品 2D 图做镜像处理，因为模具图刚好是与产品图相反的，所以在做镜像处理时只需把产品的前、后视图镜像即可，剖视图无须镜像。

镜像之后要放缩水，本产品材料采用 ABS，所以缩水率取 0.5% 。如果产品在 3D 软件里面已经做过放缩水处理了，那么在 AutoCAD 里面就不必再做放缩水处理了。做镜像及放过缩水处理的产品图即可用于 2D 排位，为了和此前的产品图有所区别，一般要打上 SC:1.005 AND MIRROR 标记，如图 10-14 所示。

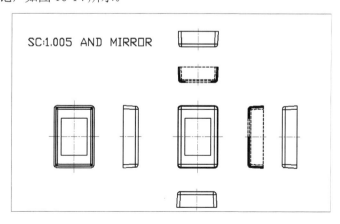

图 10-14　做过镜像和放缩水后的产品图

10.2.5　确定模仁尺寸

接下来，开始 2D 排位，首先定内模料，也就是确定模仁的大小。模仁的长和宽可根据产品的单边长加上 25mm 来算，如果是精密模具和出口模，则可按加 30mm 来算。要注意保证长和宽取整数，而且要以模具中心为中心对称，如图 10-15 所示。

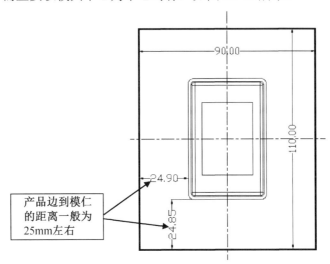

产品边到模仁的距离一般为25mm左右

图 10-15　确定模仁的长和宽

模仁的高度尺寸如图 10-16 所示。

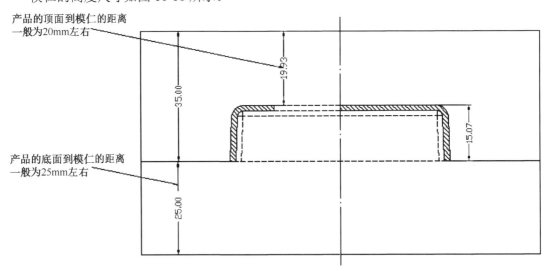

产品的顶面到模仁的距离一般为20mm左右

产品的底面到模仁的距离一般为25mm左右

图 10-16　模仁的高度尺寸

10.2.6   调用模架

先测量模仁的长和宽，一般来说模架的单边长要比模仁的长和宽大 50mm。例如，测量到模仁的长为 110mm、宽为 90mm，90mm+50mm×2=190mm，110mm+50mm×2=210mm，因此要调用长为 210mm、宽为 190mm 的模架，型号为 1921。

但在调用过程中不一定正好有这种型号的模架，我们可以分别调用对应数值与 1921 差不多的模架，如 1820、1823、2020，通常选择尺寸最接近的型号。因为在调用模架时不一定能一次性准确地调用到合适的模架，所以最后需要通过检查来选择。

（1）在检查时，先检查模架顶出板的宽度是否大于或等于模仁的宽度，如果顶出板的宽度小于模仁的宽度，则此模架不合适，不能调用。但顶出板的宽度也不要比模仁的宽度大太多，这样也是不科学的。

（2）测量模架的顶出距离，一般来说顶出距离至少要比产品的高度大 5mm，如果产品的高度为 10mm，则顶出距离要为 15mm 以上。如果顶出距离不符合要求，则需要调用其他模架。

（3）对于尺寸小于 3535 的模架，复位针上的弹簧顶边到模仁的距离要在 10mm 以上；对于尺寸大于 3535 的模架，复位针上的弹簧顶边到模仁的距离要在 20mm 以上。

根据以上情况，选取 1820 的模架比较合适。确定模架型号后，需要确定 A、B 板的高度。对于二板模：

A 板的高度=定模仁高度+25mm 或 35mm（小模）

A 板的高度=定模仁高度+35mm 或 40mm（大模）

B 板的高度=动模仁高度+35mm

注意： A、B 板要留有 0.2～0.5mm（精密模）、1mm（小模、普通模）或 2mm（大模）的间隙。

模架确定后，把模仁装配到模架中，模具中心要重合。删除不必要的线条，设计模仁的紧固螺钉，并对模仁角做避空处理，如图 10-17 所示。

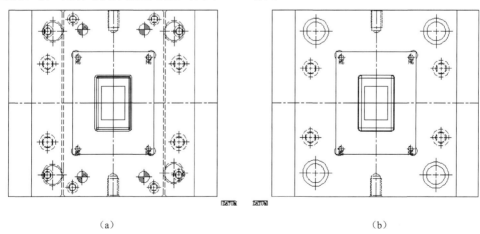

（a）   （b）

图 10-17   调用模架

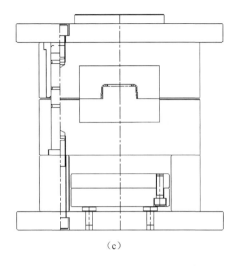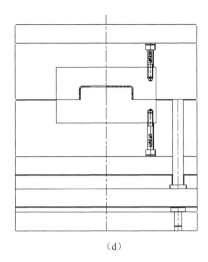

（c）   （d）

图 10-17　调用模架（续）

10.2.7　完善组立图

接下来需要设计浇注系统、顶出系统、运水系统等，对组立图进行标注，以及设计明细表等，如图 10-18 到图 10-21 所示。

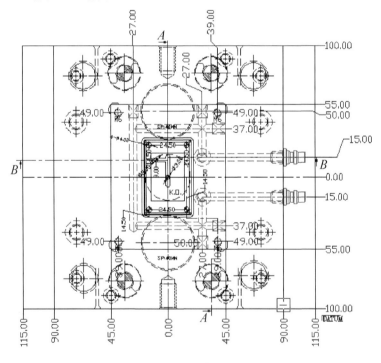

图 10-18　动模俯视图

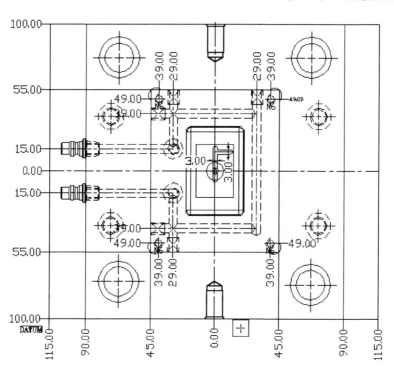

图 10-19　定模俯视图

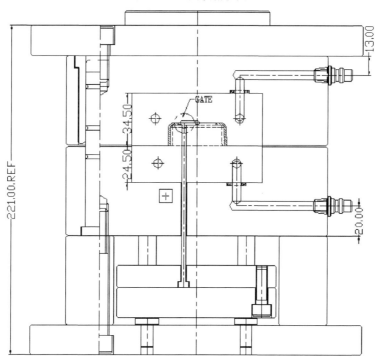

图 10-20　主视图

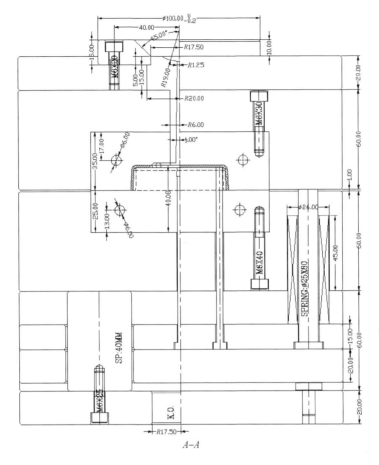

图 10-21 侧视图

组立图可以标注得很详细，也可以标注得很简单，这需要根据加工现场的要求来定，如果不出散件图，那么组立图需要标注得很详细；如果出散件图，那么组立图只需把一些关键尺寸标出。

为了清楚地表达出浇口尺寸，还要绘制一个浇口局部放大图，如图 10-22 所示。

浇口局部放大图
比例4：1

图 10-22 浇口局部放大图

加上图框，并填写标题栏、技术要求及明细表（BOM 表），最终完成的组立图如图 10-23 所示。

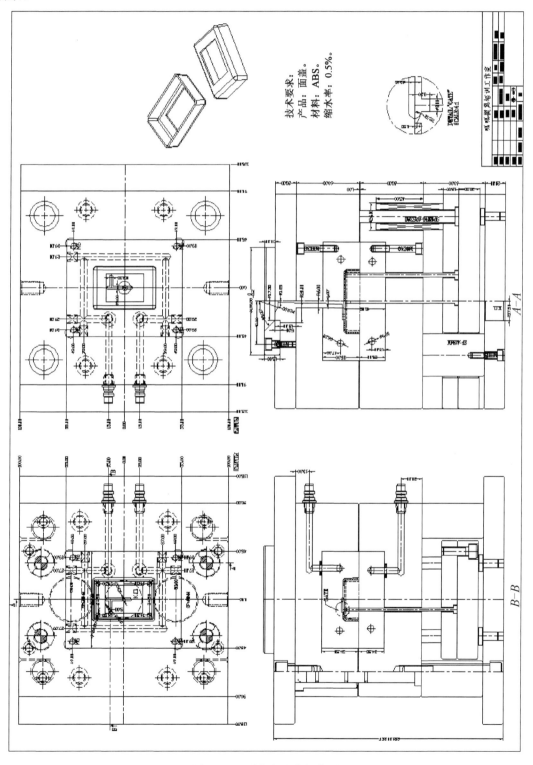

图 10-23　最终完成的组立图

10.2.8 分模

分模是指根据产品模型把模具分开，也就是自动生成定、动模仁。定、动模仁是模具的核心零件，属于模具的成型部分。分模的工作一般在定完内模料之后就可以开始了，当然也可以一开始就先进行分模。分模的目的是得到 CNC 加工所需要的 PRT 文件，即刀路编程的零件模型。本案例采用 Pro/E 进行分模，具体过程不进行演示，分模效果如图 10-24、图 10-25 所示。

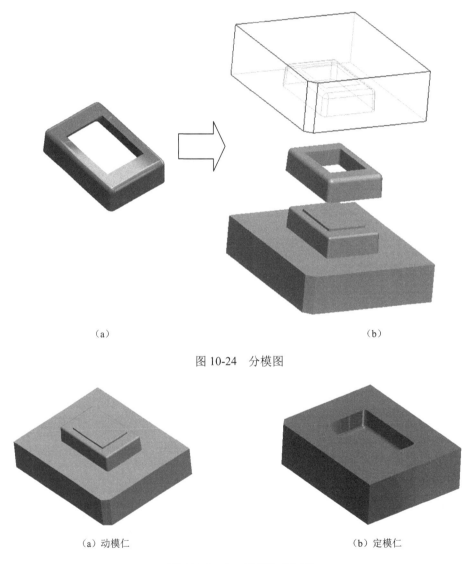

（a）   （b）

图 10-24 分模图

（a）动模仁   （b）定模仁

图 10-25 定、动模仁 3D 图

10.2.9 散件图

大部分散件图可直接从组立图中拆分得到，但对于涉及胶位的零件，如定、动模仁，就需要分模后从 3D 软件中转图，然后在 AutoCAD 中标注，如图 10-26 到图 10-35 所示。

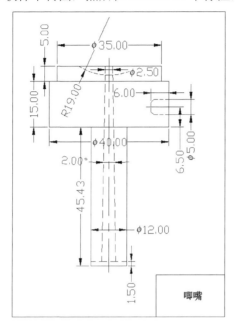

唧嘴和法兰属于标准件，有时候无须出散件图

图 10-26 唧嘴

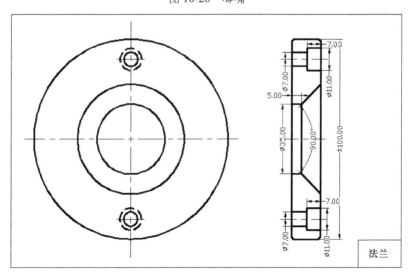

图 10-27 法兰

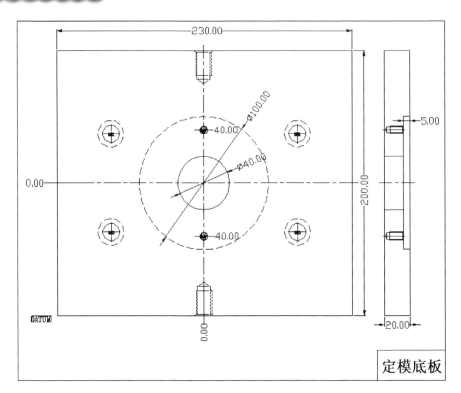

图 10-28　定模底板

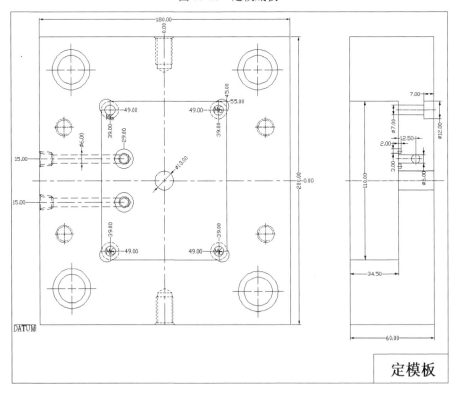

图 10-29　定模板

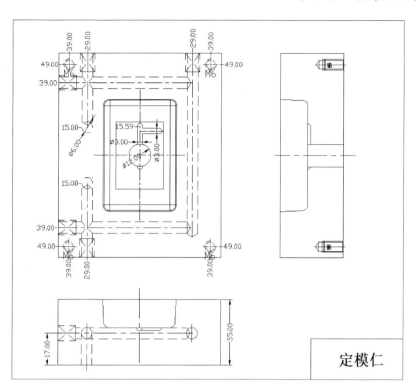

图 10-30　定模仁

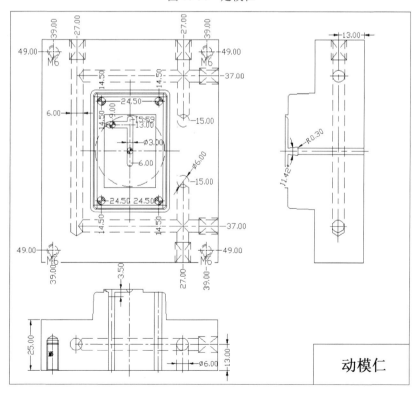

图 10-31　动模仁

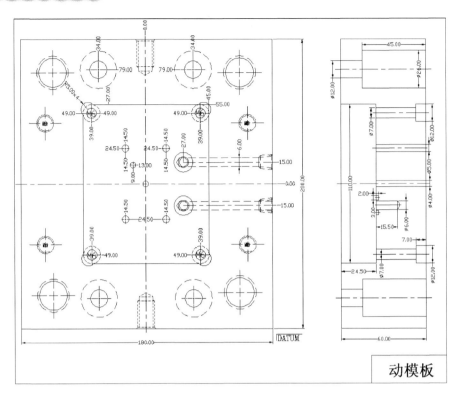

图 10-32　动模板

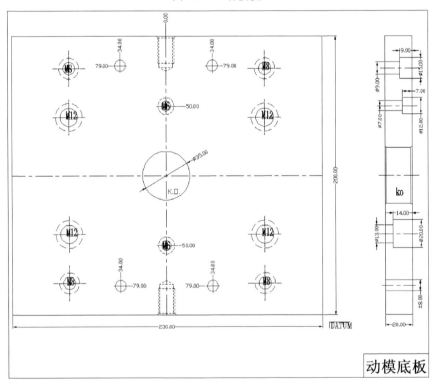

图 10-33　动模底板

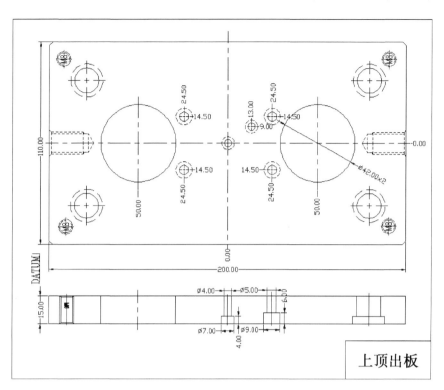

图 10-34　上顶出板

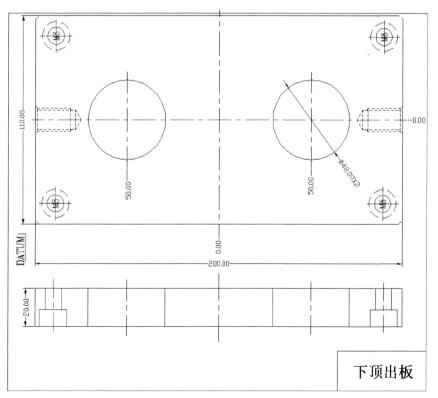

图 10-35　下顶出板

第11章 全3D化设计实例

> **知识目标**
>
> 1. 掌握全3D化设计的基本流程。
> 2. 掌握UG软件的各种3D分模指令。
> 3. 掌握利用UG软件的Mold Wizard模块进行模架及标准件的调用。

> **能力目标**
>
> 1. 能够独立完成产品检讨分析。
> 2. 能够独立完成简单产品的整套模具全3D化设计。

> **思政目标**
>
> 1. 全3D化设计需要设计者有较强的3D软件应用能力，既能进行3D分模，又能进行模具结构设计，全3D化设计的周期通常较短，对设计熟练程度的要求比较高，可以培养学生的服务意识、交期意识。
> 2. 现在的3D软件种类比较多，更新换代周期短，作为设计人员必须能够跟上软件的更新节奏，与时俱进，树立终身学习的意识。

第10章介绍了绘制组立图、出散件图及进行3D分模的设计流程。这种设计流程对设计者的绘图能力、识图能力要求相对较高，也是比较能锻炼人的一种设计流程。但是随着3D软件的发展，很多企业慢慢地实现了全3D化设计，无图纸化制造。这样设计流程就有所不同了，模具设计师拿到客户提供的产品后首先进行产品检讨分析，确认没问题后直接进行3D分模，完成3D分模后调用模架，进行3D模具结构设计，完成整套模具的3D组立图，最后进行散件图的绘制与审核。

本章以一个简单的肥皂盒为例，进行全3D化设计，详细讲解操作步骤，希望学生通过本章的学习能够对全3D化设计有一个初步的了解，能够完成简单产品的全3D化设计。

11.1 产品检讨分析

肥皂盒是人们日常生活中常见的一种塑料制品。图11-1所示为某肥皂盒的零件图。产品材料为高密度聚乙烯（ABS），外形尺寸为123mm×78mm×25mm，均匀肉厚为2mm，结构简单，主分型面为平面，没有倒扣，产品中间有一些小碰穿孔。产品总体结构简单，采用一模两腔方式注塑，侧面潜伏式浇口形式进胶。

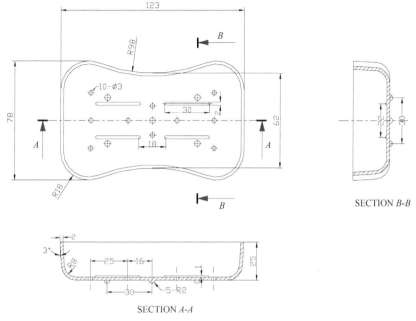

图 11-1　某肥皂盒的零件图

由于篇幅有限，本章不对注塑成型参数方面的知识进行介绍，读者可以选择相关参考资料自行查阅。本章主要对模具设计方面的知识进行详细介绍。

11.2　进行 3D 分模

为了使读者更好地理解分模的原理，本节采用手动分模的方式进行肥皂盒的模具设计（因为手动分模的原理适用于任何软件）。

3D 分模流程如下：

（1）打开文档；

（2）抽取复制一个产品；

（3）设置收缩率；

（4）确定型腔数量并布局产品；

（5）确定工件尺寸并创建工件；

（6）创建分型面并修补破孔面；

（7）创建型腔、型芯，完成 3D 分模。

1．打开文档

单击计算机桌面上的快捷图标，打开 UG 软件。单击"打开"按钮，在弹出的"打开"对话框中找到产品图所在的文档，选中文档，单击"OK"按钮，如图 11-2 所示。打开的文档如图 11-3 所示。

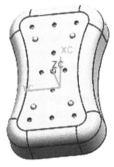

图 11-2 "打开"对话框   图 11-3 打开的文档

2. 抽取复制一个产品

STEP1：单击"插入"菜单，选择"关联复制"→"抽取"选项，在弹出的"抽取"对话框（见图 11-4）中的"类型"下拉列表中选择"体"选项，选择原始产品，在"设置"栏中勾选"隐藏原先的"复选框，单击"确定"按钮。

STEP2：把抽取出来的产品放置到图层 5 中。选中产品，单击"格式"菜单，选择"移动至图层"选项，在弹出的"图层移动"对话框（见图 11-5）中的"目标图层或类别"文本框中输入"5"，单击"确定"按钮。

图 11-4 "抽取"对话框   图 11-5 "图层移动"对话框

STEP3：把原始产品放到图层 4 中并关闭图层 4，显示图层 5。按 Ctrl+L 组合键弹出"图层设置"对话框（见图 11-6），关闭图层 5。按 Ctrl+Shift+U 组合键把隐藏的原始产品显示出来，按 STEP2 的方法把原始产品移到图层 4 中。按 Ctrl+L 组合键弹出"图层设置"对话框，打开图层 5，关闭图层 4。因为在后续过程中不再使用原始产品，而使用抽取出来的产品进行分模，之后书中所说的产品都是指由原始产品抽取出来的产品。

图 11-6　"图层设置"对话框

3.　设置收缩率

STEP1：单击"插入"菜单，选择"偏置/缩放"→"缩放体"选项。

STEP2：在弹出的"缩放体"对话框（见图 11-7）中的"类型"下拉列表中选择"均匀"选项，选择产品，在"比例因子"栏中的"均匀"数值框中输入"1.005"（收缩率+1），单击"确定"按钮。

4.　确定型腔数量并布局产品

综合考虑模具的生产成本及产量等因素，决定采用一模两腔的模具型腔布局方式。平面布局如图 11-8 所示。在 UG 软件中布局产品的步骤如下。

图 11-7　"缩放体"对话框

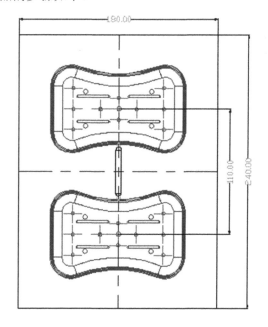

图 11-8　平面布局

STEP1：把工作坐标沿 *Y* 轴方向偏置 55mm。单击"格式"菜单，选择"WCS"→"原点"选项，弹出"点"对话框，如图 11-9 所示，在"坐标"栏中的"YC"数值框中输入"55"，单击"确定"按钮，得到的效果如图 11-10 所示。

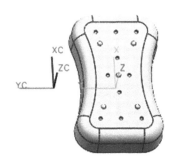

图 11-9　"点"对话框　　　　　　　　　　　图 11-10　布局好第一腔

STEP2：单击"编辑"菜单，选择"移动对象"选项，在弹出的"移动对象"对话框（见图 11-11）中选择产品，在"变换"栏中的"运动"下拉列表中选择"角度"选项，单击"指定矢量"，选择与开模方向一致的矢量方向，如图 11-12 所示。单击"指定轴点"后的构造器按钮[＋]，在弹出的"点"对话框中单击"相对于 WCS"单选按钮，输入如图 11-13 所示的坐标值，单击"确定"按钮，返回"移动对象"对话框，在"角度"数值框中输入"180"，单击"复制原先的"单选按钮，最后单击"确定"按钮。布局效果如图 11-14 所示。

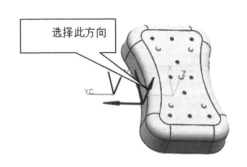

图 11-11　"移动对象"对话框　　　　　　　图 11-12　选择矢量方向

图 11-13　"点"对话框

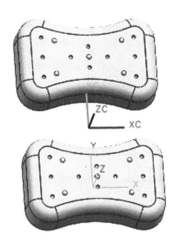

图 11-14　布局效果

5. 确定工件尺寸并创建工件

产品布局好以后,首先根据工件边缘到产品边缘的距离为 25～30mm 的原则,确定工件大小为 180mm×240mm。然后创建工件,具体步骤如下。

STEP1:创建一个基准坐标系。单击"插入"菜单,选择"基准/点"→"基准 CSYS"选项,在弹出的"基准 CSYS"对话框(见图 11-15)中的"类型"下拉列表中选择"动态"选项,在"参考"下拉列表中选"WCS"选项,单击"确定"按钮。新建的基准坐标系如图 11-16 所示。

图 11-15　"基准 CSYS"对话框

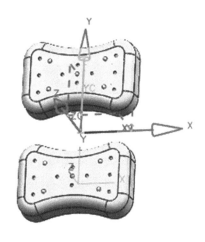

图 11-16　新建的基准坐标系

STEP2:单击"拉伸"按钮,在弹出的"拉伸"对话框(见图 11-17)中单击绘制截面按钮,弹出"创建草图"对话框,如图 11-18 所示,按要求选择草绘平面。选择产品底面作为草绘平面,如图 11-19 所示,最后单击"确定"按钮。

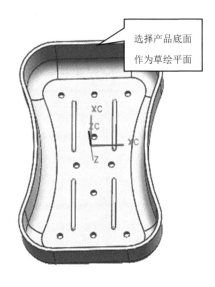

图 11-17　"拉伸"对话框　　　　图 11-18　"创建草图"对话框　　　图 11-19　选择草绘平面

STEP3：进入草绘环境，单击"矩形"按钮，在弹出的"矩形"对话框（见图 11-20）中单击 按钮，绘制一个矩形并约束好相关尺寸，如图 11-21 所示。单击"完成草图"按钮或按 Ctrl+Q 组合键退出草绘环境，返回"拉伸"对话框。

图 11-20　"矩形"对话框

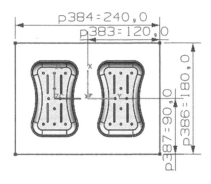

图 11-21　绘制的草图

STEP4：在"拉伸"对话框中，在"限制"栏中设置开始距离为"50"，结束距离为"-30"，单击"确定"按钮，得到如图 11-22 所示的模具结构图。

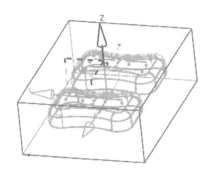

图 11-22　模具结构图

注意：如果在输入拉伸高度时感觉矢量方向反了，则可以单击 ⊠ 按钮改变矢量方向。

6. 创建分型面并修补破孔面

STEP1：在绘图区域右击，在弹出的快捷菜单中选择"线框显示"选项。

STEP2：单击"拉伸"按钮，弹出"拉伸"对话框，选择"YZ"基准平面，在草绘环境中绘制如图 11-23 所示的直线，按 Ctrl+Q 组合键退出草绘环境，返回"拉伸"对话框，如图 11-24 所示。

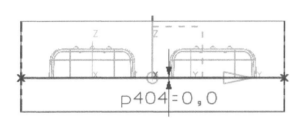

图 11-23　绘制分型面的直线　　　　　　图 11-24　"拉伸"对话框

STEP3：在"拉伸"对话框中，在"限制"栏中的"结束"下拉列表中选择"对称值"选项，在"距离"数值框中输入"90"，单击"确定"按钮。

STEP4：利用鼠标选中两个产品及分型面，单击"编辑"菜单，选择"对象显示"选项，弹出"编辑对象显示"对话框（见图 11-25），勾选"局部着色"复选框，单击"确定"按钮。

STEP5：在绘图区域右击，在弹出的快捷菜单中选择"渲染样式"→"局部着色"选项，得到如图 11-26 所示的效果。

STEP6：单击"插入"菜单，选择"修剪"→"修剪的片体"选项，弹出"修剪的片体"对话框（见图 11-27），选择通过"拉伸"创建的面，按鼠标中键确定，选择产品的边缘，单击"应用"按钮。用同样的方法把另一个产品的真空部分修剪掉，得到如图 11-28 所示的效果。

STEP7：把产品中间的破孔面修补完整。单击"注塑模工具"按钮，单击"曲面补片"按钮，弹出"选择面"对话框。选择一个产品的内表面（见图 11-29），单击"确定"按钮；选择另一个产品的内表面，单击"取消"按钮。修补好的破孔面如图 11-30 所示。

图 11-25　"编辑对象显示"对话框

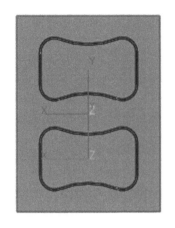

图 11-26　拉伸的面

图 11-27　"修剪的片体"对话框

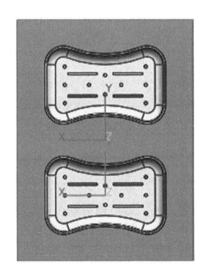

图 11-28　修剪后的分型面

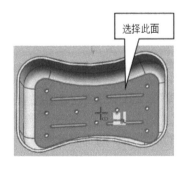

选择此面

图 11-29　选择一个产品的内表面

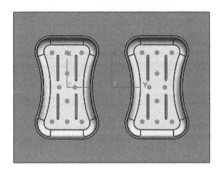

图 11-30　修补好的破孔面

STEP8：抽取型腔面。单击"插入"菜单，选择"关联复制"→"抽取"选项，弹出"抽取"对话框，在"类型"下拉列表中选择"面"选项，选择产品的所有型腔面，其他设置如图 11-31 所示，单击"确定"按钮。用同样的方法抽取另一个产品的型腔面，得到如图 11-32 所示的效果。

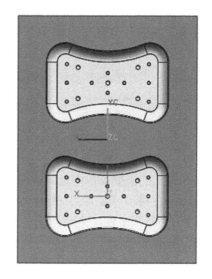

图 11-31　"抽取"对话框　　　　　　　　　　　图 11-32　抽取后的效果

注意： 在抽取型腔面时，如果产品的面比较多，则可以选择区域面，使用种子面加边界的方法定义区域面。本实例中种子面可以是产品的型腔侧的任意一个面，边界就是产品的底面及内表面（与母模面交界的公模面）。

STEP9：按 Ctrl+L 组合键，弹出"图层设置"对话框，把图层 27、28 关闭。单击"插入"菜单，选择"组合体"→"缝合"选项，弹出"缝合"对话框（见图 11-33）。选择通过"拉伸"创建的分型面作为目标面，选择所有面作为刀具面，单击"确定"按钮。缝合后的型腔面如图 11-34 所示。

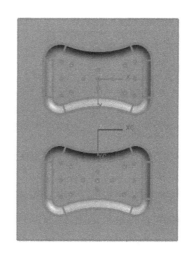

图 11-33　"缝合"对话框　　　　　　　　　　　图 11-34　缝合后的型腔面

注意：STEP9 中之所以把图层 27、28 关闭，是因为在使用"曲面补片"工具修补破孔面时，在每个破孔处系统会自动产生三个相同的面，由于使用手动分模可以不用系统自动放于图层 27、28 的破孔面，因此在缝合前将其关闭。

注意：要检查缝合的型腔面的完整性。单击"分析"菜单，选择"检查几何体"选项，弹出"检查几何体"对话框，选择缝合的型腔面，单击"全部清除"按钮，勾选"片体边界"复选框，单击"检查几何体"按钮，勾选"高亮显示结果"复选框，单击 🛈 按钮，弹出的"信息"栏中如果显示"找到的边界数为1"，则表明缝合的型腔面是完整的，否则表明缝合的型腔面是不完整的。

7. 创建型腔、型芯，完成 3D 分模

STEP1：按 Ctrl+Shift+U 组合键把没关闭的图层所包含的所有对象显示出来，在绘图区域右击，在弹出的快捷菜单中选择"渲染样式"→"局部着色"选项。

STEP2：在模具工具栏中单击"分割实体"按钮，弹出"分割实体"对话框（一）（见图 11-35），选择工件，"分割实体"对话框（一）变成如图 11-36 所示的形式，勾选"由实体、片体、基准平面分割"复选框，选择型腔面，单击"确定"按钮，弹出"修剪方法"对话框（见图 11-37），单击"拆分"按钮，系统自动返回"分割实体"对话框（二），单击"取消"按钮。

图 11-35 "分割实体"
对话框（一）

图 11-36 "分割实体"
对话框（二）

图 11-37 "修剪方法"
对话框

STEP3：选择两个产品、型腔面及型芯部分实体，按 Ctrl+B 组合键隐藏所选对象。

STEP4：单击"拉伸"按钮，在型腔分型面的 4 个角拉伸 4 个 20mm×20mm×8mm 的方块，如图 11-38 所示。

STEP5：选中 4 个方块，按 Ctrl+J 组合键，弹出"编辑对象显示"对话框（见图 11-39），把颜色改成紫色，勾选"局部着色"复选框。

STEP6：在绘图区域右击，在弹出的快捷菜单中选择"渲染样式"→"局部着色"选项。局部着色后的效果如图 11-40 所示。

STEP7：单击"插入"菜单，选择"细节特征"→"拔模"选项，弹出"拔模"对话框，如图 11-41 所示。在"类型"下拉列表中选择"从平面"选项，矢量方向选择开模方

向，固定面选择方块的上表面，要拔模的面选择每个方块里面的两个侧面（见图 11-42），拔模角度设置为 10°（如果方向反了，可以在数字前面加负号改变方向），单击"确定"按钮。

STEP8：选中 4 个方块，单击"格式"菜单，选择"复制至图层"选项，弹出"图层复制"对话框，如图 11-43 所示。在"目标图层或类别"文本框中输入"7"，单击"确定"按钮。

STEP9：按 Ctrl+L 组合键，弹出"图层设置"对话框，取消勾选图层 7 前面的复选框，关闭图层 7。

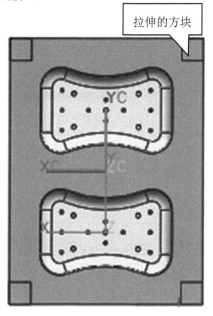

图 11-38　拉伸 4 个方块

图 11-39　"编辑对象显示"对话框

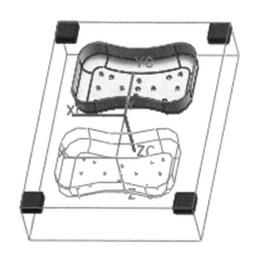

图 11-40　局部着色后的效果

图 11-41　"拔模"对话框

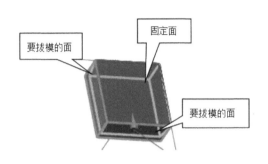

图 11-42　固定面和要拔模的面

图 11-43　"图层复制"对话框

STEP10：单击"插入"菜单，选择"组合体"→"求差"选项，弹出"求差"对话框，如图 11-44 所示。选择工件作为目标体，选择 4 个方库作为刀具体，单击"确定"按钮。求差后的型腔如图 11-45 所示。

图 11-44　"求差"对话框

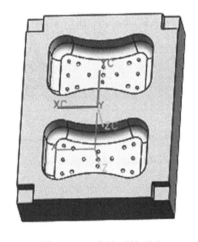

图 11-45　求差后的型腔

STEP11：单击"插入"菜单，选择"细节特征"→"边倒圆"选项，选择4个定位虎口两定位面相交的边（见图 11-46），在"边倒圆"对话框中的"Radius 1"数值框中输入"4"（见图 11-47），单击"确定"按钮。

STEP12：单击"插入"菜单，选择"细节特征"→"倒斜角"选项，选择型腔左下角的边（见图 11-48），在"倒斜角"对话框中的"距离"数值框中输入"10"（见图 11-49），单击"确定"按钮。

STEP13：用与 STEP12 同样的操作把型腔底面的所有边倒 C2 的斜角，完成型腔的创建，如图 11-50 所示。

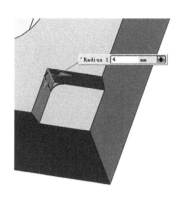

图 11-46　选择 4 个定位虎口两定位面相交的边

图 11-47　"边倒圆"对话框

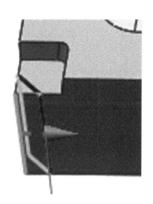

图 11-48　选择型腔左下角的边

图 11-49　"倒斜角"对话框

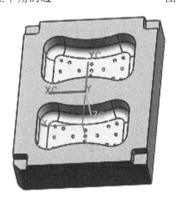

图 11-50　创建完成后的型腔

注意：拉伸方块是用来构建型腔、型芯的定位虎口的，型腔与方块求差，型芯与复制的方块求和。型腔左下角倒 10mm 的斜角（基准角），作为加工的参照。

STEP14：在过滤器中选择"实体"→"型腔实体"选项，单击"格式"菜单，选择"移动到图层"选项，弹出"图层移动"对话框（见图 11-51），在"目标图层或类别"文本框中输入"8"，单击"确定"按钮。

STEP15：按 Ctrl+Shift+U 组合键，显示没关闭图层中的所有对象，选择型芯实体，单击"格式"菜单，选择"移动到图层"选项，弹出"图层移动"对话框（见图 11-51），在"目标图层或类别"文本框中输入"7"，单击"确定"按钮。

STEP16：用"移动至图层"功能把型腔分型面移动到图层 28 中，把复制旋转的产品移动到图层 5 中。

STEP17：按 Ctrl+L 组合键，弹出"图层设置"对话框，把其他图层关闭，只打开图层 5、7，单击"求差"按钮，弹出"求差"对话框（见图 11-52），选择型芯实体作为目标体，选择两个产品作为刀具体，勾选"保持工具"复选框，单击"确定"按钮。

STEP18：单击"求和"按钮，弹出"求和"对话框，选择型芯实体作为目标体，选择 4 个方块作为刀具体，取消勾选"保持工具"复选框（见图 11-53），单击"确定"按钮。

图 11-51　"图层移动"对话框

图 11-52　"求差"对话框

图 11-53　"求和"对话框

STEP19：在 4 个定位虎口的 2 个定位面相交处倒 C5 的斜角，把右下角倒 C10 的斜角，底面整周倒 C2 的斜角。

STEP20：按 Ctrl+L 组合键，弹出"图层设置"对话框，把图层 5 关闭。完整的型芯如图 11-54 所示。

STEP21：按 Ctrl+L 组合键，弹出"图层设置"对话框，打开图层 5、7，在绘图区域右击，在弹出的快捷菜单中选择"渲染样式"→"局部着色"选项，得到完整的 3D 分模图，如图 11-55 所示。

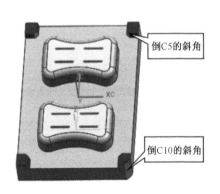
图 11-54　完整的型芯

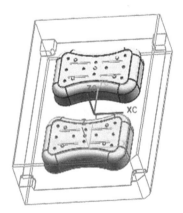
图 11-55　完整的 3D 分模图

注意： 当用鼠标选择的时候，把鼠标指针指向想选择的对象，然后停留几秒，当鼠标指针变成右下角出现 4 个白色的小点的时候，如 ▤，右击就可以在弹出的"快速拾取"对话框中选择想要选择的对象。

注意： 图层的管理，通常把原始产品放置在图层 4 中，由原始产品抽取出来的产品放置在图层 5 中，型腔放置在图层 8 中，型腔分型面放置在图层 28 中，型芯放置在图层 7 中，型芯分型面放在图层 27 中，读者可以根据自己的习惯合理、有效地利用图层管理自己的图档。

注意： 在一模两腔的情况下，通常先完全做好一腔的分型面，另一腔用旋转复制的方式完成。最后把两腔的分型面缝合成一个完整的分型面。再用分型面分割定、动模仁。

11.3 进行 3D 模具结构设计

3D 模具结构设计流程如下：
（1）模架的确定与调用；
（2）型腔板与型芯板开框；
（3）浇注系统的设计；
（4）顶出系统的设计；
（5）冷却系统的设计；
（6）辅助标准件的调用。

1．模架的确定与调用

STEP1：单击"格式"菜单，选择"WCS"→"定向"选项，弹出"CSYS"对话框，如图 11-56 所示，在类型下拉列表中选择"绝对 CSYS"选项，"CSYS"对话框变成如图 11-57 所示的形式，同时图档中显示出绝对坐标系，如图 11-58 所示。

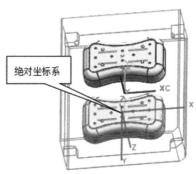

图 11-56 "CSYS"对话框　　　图 11-57 绝对 CSYS　　　图 11-58 绝对坐标系

注意： 如果图档的绝对坐标系不在型腔中心，而且 Z 轴与开模方向不同，则需要把图档开模方向调整到与绝对坐标系的 Z 轴一致，型腔的宽度方向为 X 轴方向，型腔的长度方向为 Y 轴方向，而且与型腔中心重合。保证在调用模架时型腔中心坐标系与模架坐标系对齐。

STEP2：选中所有对象，单击"编辑"菜单，选择"移动对象"选项，弹出"移动对象"对话框（见图 11-59），在"运动"下拉列表中选择"角度"选项，选择与 Y 轴一致的方向作为矢量方向（见图 11-60），单击 ⊞ 按钮，弹出"点"对话框（见图 11-61），单击"相对于 WCS"单选按钮，设置 XC、YC、ZC 值均为 0，单击"确定"按钮，系统返回"移动对象"对话框，在"角度"数值框中输入"180"，单击"移动原先的"单选按钮，单击"确定"按钮。

 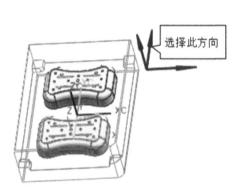 

图 11-59 "移动对象"对话框　　　图 11-60 选择矢量方向　　　图 11-61 "点"对话框

STEP3：单击"信息"→"点"按钮，弹出"点"对话框（见图 11-62），并自动捕捉到工作坐标系原点，单击"绝对"单选按钮，X、Y、Z 轴坐标值在"点"对话框中显示出来，可以知道工作坐标系与绝对坐标系不一致。

图 11-62 "点"对话框

STEP4：选中所有对象，单击"编辑"菜单，选择"移动对象"选项，弹出"移动对象"对话框（见图 11-63），在"运动"下拉列表中选择"距离"选项，选择与 Z 轴一致的方向作为矢量方向（见图 11-64），在"距离"数值框中输入"25"，单击"移动原先的"单选按钮，单击"应用"按钮。

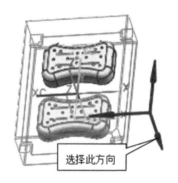
选择此方向

图 11-63　"移动对象"对话框　　　　　图 11-64　选择矢量方向

STEP5：采用与 STEP4 一样的操作把所有图档沿 Y 轴负方向移动 55mm。

STEP6：采用与 STEP2 一样的操作把所有图档沿 Z 轴方向旋转 180°。

STEP7：单击"格式"菜单，选择"WCS"→"定向"选项，弹出"CSYS"对话框（见图 11-65），在"类型"下拉列表中选择"绝对 CSYS"选项，"CSYS"对话框变成如图 11-66 所示的形式，单击"确定"按钮。

图 11-65　"CSYS"对话框　　　　　图 11-66　绝对 CSYS

STEP8：单击模具工具栏中的"模架"按钮，弹出"模架管理"对话框，在"目录"下拉列表中选择"FUTABA_S"选项，在"TYPE"下拉列表中选择"SC"选项，选择"2735"模架，把模架的相关参数变量修改成如图 11-67 右边所示的数值，其余的内容保持不变，单击"确定"按钮。

STEP9：按 Ctrl+L 组合键，弹出"图层设置"对话框，把图层 62、100 关闭，调出的模架如图 11-68 所示。

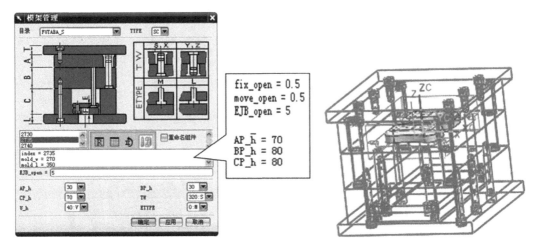

图 11-67 "模架管理"对话框　　　　　图 11-68 调出的模架

2. 型腔板与型芯板开框

STEP1：在绘图区域右击，在弹出的快捷菜单中选择"带边着色"选项，按 Ctrl+L 组合键，弹出"图层设置"对话框，把图层 7 关闭，单击"装配导航器"按钮，单击"proj_movehalf_026"前的勾，把动模部分隐藏。

STEP2：单击"装配导航器"按钮，单击"proj_fixhalf_026"前的加号，双击"proj_a_plate"名称。

STEP3：单击"拉伸"按钮，弹出"拉伸"对话框，选择型腔板（A 板）上表面，系统自动转正草绘平面。单击"插入"菜单，选择"派生曲线"→"投影曲线"选项，弹出"投影曲线"对话框（见图 11-69），选择型腔的 4 条轮廓线，单击"确定"按钮。单击"制作拐角"按钮，弹出"制作拐角"对话框（见图 11-70），选择没有相连的两条投影曲线，弹出"制作拐角"提示框（见图 11-71），单击"确定"按钮，再单击"制作拐角"对话框中的"关闭"按钮，按 Ctrl+Q 组合键退出草绘区域，返回"拉伸"对话框（见图 11-72），设置开始距离为"0"，结束距离为"49.5"，在"布尔"下拉列表中选择"求差"选项，选择型腔板，单击"确定"按钮。

图 11-69 "投影曲线"对话框　　　　　图 11-70 "制作拐角"对话框

图 11-71　"制作拐角"提示框　　　　　　　　　　图 11-72　"拉伸"对话框

STEP4：同样使用"拉伸"命令对型腔板的型腔框进行清角。开好框的型腔板如图 11-73 所示。

STEP5：单击"装配导航器"按钮，单击"proj_fixhalf_026"前的勾，把定模部分隐藏，单击"proj_movehalf_026"前的勾，把动模部分显示出来。按 Ctrl+L 组合键，弹出"图层设置"对话框，把图层 8 关闭，图层 7 打开。

STEP6：双击型芯板，采用与 STEP3、STEP4 类似的操作完成型芯板的开框。开好框的型芯板如图 11-74 所示。

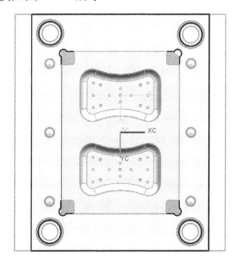

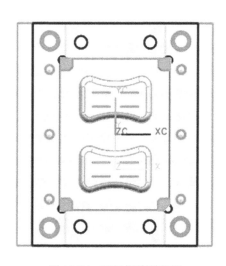

图 11-73　开好框的型腔板　　　　　　　　　　图 11-74　开好框的型芯板

3. 浇注系统的设计

（1）调用定位环。

STEP1：在"装配导航器"中把定模部分显示出来。

STEP2：单击模具工具栏中的"标准件"按钮，弹出"标准件管理"对话框，在"目录"下拉列表中选择"FUTABA_MM"选项，在"分类"下拉列表中选择"Locating Ring Interchangeable"选项，在"TYPE"下拉列表中选择"M_LRC"选项，在"DIAMETER"下拉列表中选择"100"选项，在"THICKNESS"下拉列表中选择"15"选项，单击"确定"按钮，如图 11-75 所示。

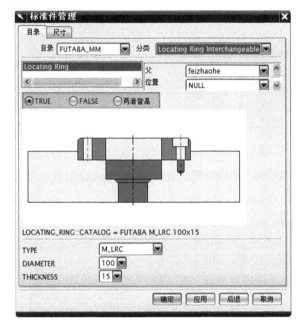

图 11-75 "标准件管理"对话框

（2）调用浇口衬套。

STEP1：在"装配导航器"中把定模部分显示出来。

STEP2：单击模具工具栏中的"标准件"按钮，弹出"标准件管理"对话框，在"目录"下拉列表中选择"FUTABA_MM"选项，在"分类"下拉列表中选择"Sprue Bushing"选项，在"位置"下拉列表中选择"重定位"选项，其他选项参照系统默认设置，如图 11-76 所示。

STEP3：在"标准件管理"对话框中单击"尺寸"选项卡，切换到尺寸工作界面，修改浇口衬套尺寸，如图 11-77 所示，其余尺寸参照系统默认设置，单击"确定"按钮。

STEP4：在弹出的"点"对话框（见图 11-78）中，确认系统扑捉到的是坐标系原点，单击"确定"按钮。

STEP5：在弹出的"重定位组件"对话框（见图 11-79）中，单击"平移"按钮，弹出"变换"对话框（见图 11-80），设置 DZ 值为"-5.00000"，单击"确定"按钮，系统自动返回"重定位组件"对话框，单击"取消"按钮，系统自动返回"点"对话框，单击"取消"按钮。添加的浇口衬套如图 11-81 所示。

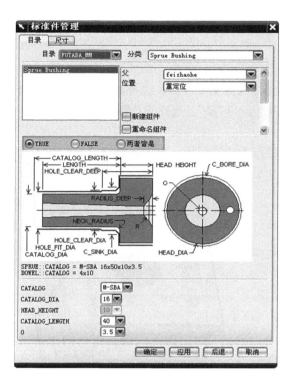

图 11-76　"标准件管理"对话框

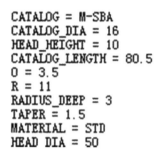

```
CATALOG = M-SBA
CATALOG_DIA = 16
HEAD_HEIGHT = 10
CATALOG_LENGTH = 80.5
0 = 3.5
R = 11
RADIUS_DEEP = 3
TAPER = 1.5
MATERIAL = STD
HEAD DIA = 50
```

图 11-77　修改浇口衬套尺寸

图 11-78　"点"对话框

图 11-79　"重定位组件"对话框

图 11-80　"变换"对话框

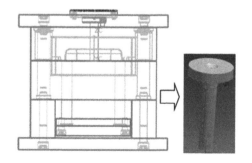

图 11-81　添加的浇口衬套

注意： 在修改标准件特征参数时，输入尺寸后应按 Enter 键确认。

（3）切减定位环和浇口衬套。

STEP1：单击 🔩 按钮，弹出"腔体"对话框（见图 11-82），选择定模固定板作为切减目标，单击鼠标中键确认，将"工具类型"设置为"部件"，选择定位圈作为切减刀具，单击"应用"按钮。

STEP2：选择定模固定板、型腔板、型腔作为切减目标，单击鼠标中键确认，选择浇口衬套作为切减刀具，单击"确定"按钮，在"装配导航器"中把定位环和浇口衬套隐藏后得到如图 11-83 所示的效果。

图 11-82 "腔体"对话框

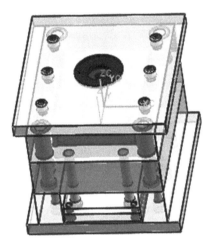

图 11-83 切减后的效果

（4）创建分流道。

完成定位环和浇口衬套的创建后，设计分流道。分流道采用圆形截面，直径为 8mm。

STEP1：在"装配导航器"中单击"proj_fixhalf_026"前的勾，把定模部分隐藏。按 Ctrl+L 组合键，弹出"图层设置"对话框，把图层 8 关闭，图层 7 打开，只显示如图 11-84 所示的动模部分。

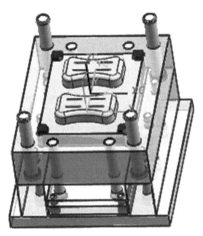

图 11-84 动模部分

STEP2：单击模具工具栏中的 按钮，弹出 "流道设计" 对话框，将 A 值修改为 "35"，angle_rotate 值修改为 "90"，如图 11-85 所示，单击 "确定" 按钮。单击 "流道设计" 对话框中的 按钮，横截面的形状选择圆形，直径值设置为 "8"（见图 11-86），单击 "确定" 按钮。创建的分流道如图 11-87 所示。

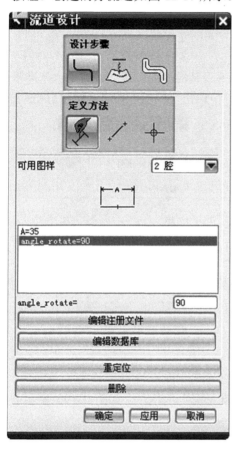

图 11-85　"流道设计" 对话框

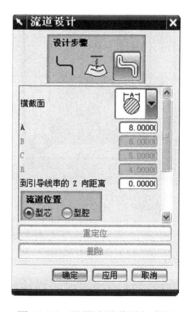

图 11-86　设置流道截面与直径

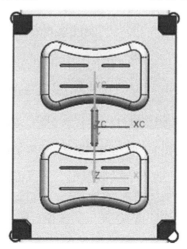

图 11-87　创建的分流道

STEP3：按 Ctrl+L 组合键，弹出"图层设置"对话框，把图层 8 打开。

STEP4：单击 按钮，弹出"腔体"对话框，选择型腔、型芯、浇口衬套作为切减目标，单击鼠标中键确认，将"工具类型"设置为"部件"，选择分流道作为切减刀具，单击"确定"按钮。

（5）创建浇口。

分流道创建好以后，创建浇口。这里采用手工方式创建浇口。

STEP1：通过"装配导航器"及图层管理的操作，只显示定模部分，如图 11-88 所示。

STEP2：单击"插入"菜单，选择"基准/点"→"基准平面"选项，弹出"基准平面"对话框，在"类型"下拉列表中选择"YC-ZC平面"，单击"应用"按钮，如图 11-89 所示。

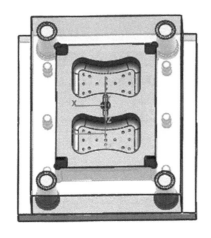

图 11-88   只显示定模部分

图 11-89   "基准平面"对话框

STEP3：在"类型"下拉列表中选择"XC-ZC 平面"，单击"确定"按钮。

STEP4：单击"回转"按钮，在"YC-ZC"基准平面上创建一个如图 11-90 所示的圆锥形回转体。

图 11-90   创建的圆锥形回转体

STEP5：单击"插入"菜单，选择"关联复制"→"镜像体"选项，弹出"镜像体"对话框（见图 11-91），选择前面创建的圆锥形回转体，按鼠标中键确认，选择"XC-ZC"基准平面，单击"确定"按钮，得到如图 11-92 所示的镜像后的回转体。

图 11-91 "镜像体"对话框

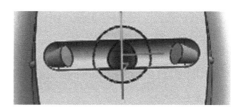

图 11-92 镜像后的回转体

STEP6：单击"求差"按钮，弹出"求差"对话框，选择型腔作为目标体，选择两个锥形回转体作为刀具体，取消勾选"保持工具"复选框，单击"确定"按钮。

STEP7：单击"边圆角"按钮，把两个浇口与分流道相交处倒 R2 的圆角。创建好的浇口如图 11-93 所示。

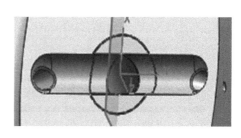

图 11-93 创建好的浇口

4. 顶出系统的设计

（1）拉料顶针的创建。

STEP1：通过"装配导航器"及图层管理的操作，只显示动模部分。

STEP2：单击"标准件"按钮，弹出"标准件管理"对话框（见图 11-94），在"分类"下拉列表中选择"Ejecor Pin"选项，在"CATALOG_DIA"下拉列表中选择"6.0"选项，在"CATALOG_LENGTH"下拉列表中选择"150"选项，在"HEAD_TYPE"下拉列表中选择"3"选项，单击"确定"按钮。

STEP3：在弹出的"点"对话框（见图 11-95）中，确认系统捕捉到的是坐标系原点，单击"确定"按钮，然后单击"取消"按钮。

STEP4：单击"顶杆后处理"按钮，弹出"顶杆后处理"对话框（见图 11-96），选择拉料顶针作为目标体，单击 按钮。

STEP5：按 Ctrl+L 组合键，弹出"图层设置"对话框，把图层 28 打开，显示型腔分型面。

STEP6：在"修剪曲面"下拉列表中选择"选择片体"选项，选择型腔分型面，单击"确定"按钮。

STEP7：在"装配导航器"中双击"拉料顶针"，把拉料顶针作为工作部件。

STEP8：单击"拉伸"按钮，把拉料顶针头部切减成如图 11-97 所示的形状。

STEP9：按 Ctrl+L 组合键，弹出"图层设置"对话框，把图层 28 关闭。

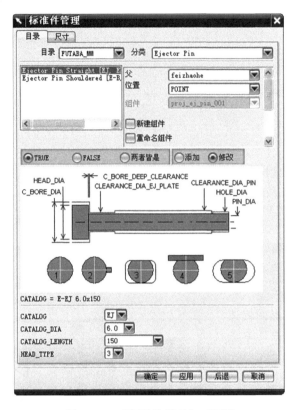

图 11-94 "标准件管理"对话框

图 11-95 "点"对话框

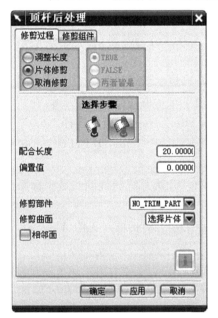

图 11-96 "顶杆后处理"对话框

图 11-97 拉料顶针头部形状

（2）顶针的创建。

STEP1：在"装配导航器"中双击"feizhaohe"，将其作为工作部件。

STEP2：单击"插入"命令，选择"关联复制"→"抽取"选项，弹出"抽取"对话框，类型选择"面区域"，选择型芯成型部分的任意一个面作为种子面，选择型芯侧边所有面作为边界面，勾选"遍历内部边""固定与当前时间戳记"复选框，单击"确定"按钮。

STEP3：选择型芯面，单击"格式"菜单，选择"移动至图层"选项，输入"27"，单击"确定"按钮。

STEP4：单击"标准件"按钮，弹出"标准件管理"对话框（见图 11-98），在"分类"下拉列表中选择"Ejector Pin"选项，在"CATALOG_DIA"下拉列表中选择"6.0"选项，在"CATALOG_LENGTH"下拉列表中选择"200"选项，在"HEAD_TYPE"下拉列表中选择"1"选项，单击"确定"按钮。

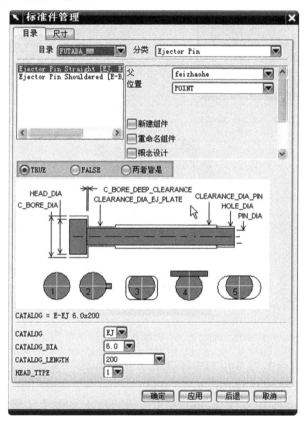

图 11-98　"标准件管理"对话框

STEP5：在弹出的"点"对话框（见图 11-99）中，设置 XC、YC 分别为"41""−73"，单击"确定"按钮，按图 11-100 分别输入相应的坐标创建相应的顶针。创建的顶针如图 11-101 所示。

STEP6：单击"顶杆后处理"按钮，弹出"顶杆后处理"对话框，选择所有顶针作为目标体，单击 按钮。

STEP7：按 Ctrl+L 组合键，弹出"图层设置"对话框，把图层 27 打开，显示前面抽取的型芯面。

图 11-99　"点"对话框

序号	编号	尺寸	X	Y
1	A1	圆顶针Ø6	41.0	-73.0
2	A2	圆顶针Ø6	-41.0	-73.0
3	A3	圆顶针Ø6	41.0	-55.0
4	A4	圆顶针Ø6	0.0	-55.0
5	A5	圆顶针Ø6	-41.0	-55.0
6	A6	圆顶针Ø6	41.0	-37.0
7	A7	圆顶针Ø6	-41.0	-37.0
8	A8	圆顶针Ø6	0.0	0.0
9	A9	圆顶针Ø6	41.0	37.0
10	A10	圆顶针Ø6	-41.0	37.0
11	A11	圆顶针Ø6	41.0	55.0
12	A12	圆顶针Ø6	0.0	55.0
13	A13	圆顶针Ø6	-41.0	55.0
14	A14	圆顶针Ø6	41.0	73.0
15	A15	圆顶针Ø6	-41.0	73.0

图 11-100　顶针坐标系表

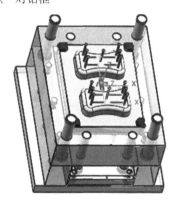

图 11-101　创建的顶针

STEP8：在"修剪曲面"下拉列表中选择"选择片体"选项，选择型芯面，单击"确定"按钮。处理后的顶针如图 11-102 所示。

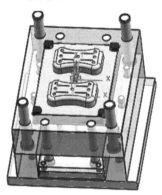

图 11-102　处理后的顶针

（3）切减顶针避空位。

STEP1：单击模具工具栏中的  按钮，弹出"腔体"对话框（见图 11-103），选择型芯、动模板、顶针面板作为目标体，选择所有顶针作为刀具体，单击"确定"按钮。切减顶针避空位的零件效果如图 11-104 所示。

图 11-103　"腔体"对话框　　　　　图 11-104　切减顶针避空位的零件效果

5. 冷却系统的设计

（1）创建型芯宽度方向水道。

STEP1：通过"装配导航器"把除型芯以外的模具零件图层关闭，只显示型芯。

STEP2：单击模具工具栏中的  按钮，弹出"冷却组件设计"对话框（见图 11-105），在"PIPE_THREAD"下拉列表中选择"M8"选项，其他选项参照系统默认设置。

STEP3：单击"尺寸"选项卡，将水道长度 HOLE_1_DEPTH 和 HOLE_2_DEPTH 设置为"160"，如图 11-106 所示。

STEP4：单击"确定"按钮，选择如图 11-107 所示的面作为水道放置面。

STEP5：弹出"点"对话框（见图 11-108），将点坐标设置为 100、-5、0，单击"确定"按钮。

STEP6：弹出"位置"对话框（见图 11-109），单击"确定"按钮。

STEP7：弹出"点"对话框，将点坐标设置为-100、-5、0，单击"确定"按钮。

STEP8：弹出"位置"对话框，单击"打断关联性"按钮，单击"取消"按钮。

（2）创建型芯长度方向水道。

参照上述方式完成长度方向冷却水道的创建，水道长设置为220，坐标参数设置为-70、-5、0，另外两条短的水道长设置为 110，坐标参数分别设置为-70、-5、0 和-70、-5、0。型芯长度方向水道如 11-110 所示。

注意： 水道的直径可以根据模具型芯大小确定，常用直径为 6~8mm 的水道，在型芯比较大的情况下可以用直径为 10~12mm 的水道。在设计水道时，不要与其他模具零件孔发生干涉，以免漏水，水道离其他孔的距离通常应该大于3mm。另外，相对坐标的原点为放置面的几何中心，所以倒角会影响坐标的位置，建议采用绝对坐标确定水道的位置。

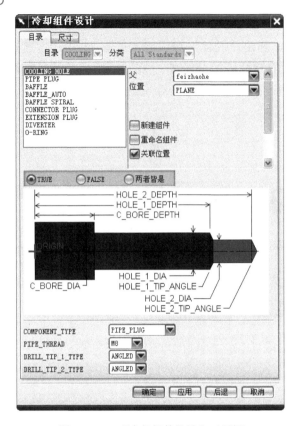

图 11-105 "冷却组件设计"对话框

```
EXTENSION_DISTANCE = 50
HOLE_1_DEPTH = 160
HOLE_2_DEPTH = 160
DRILL_TIP_1_TYPE = ANGLED
DRILL_TIP_2_TYPE = ANGLED
```

图 11-106 修改水道长度

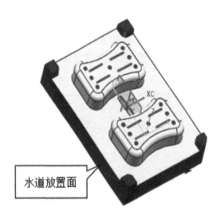

图 11-107 选择水道放置面

图 11-108 "点"对话框

图 11-109　"位置"对话框

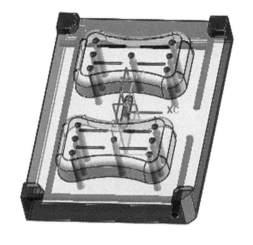

图 11-110　型芯长度方向水道

（3）创建型芯竖直方向水道。

竖直方向有两条水道，它的创建方法与宽度、长度方向水道的创建方法一样，只是竖直方向水道的放置面为型芯的底面，水道长设置为 15，坐标参数分别设置为 70、20、0 和 70、-20、0。型芯竖直方向水道如图 11-111 所示。

（4）添加水道堵头。

水道在型芯侧面一端应该用堵头堵起来，以免漏水。

STEP1：单击 按钮，弹出"冷却组件设计"对话框，在绘图区域选择型芯长度方向的一条长的水道，水道类型选择"PIPE_PLUG"，在"PIPE_THREAD"下拉列表中选择"M10"选项，其他参数不变，如图 11-112 所示。

STEP2：单击"尺寸"选项卡，把 PLUG_LENGTH 和 ENGAGE 设置为 10，如图 11-113 所示，单击"确定"按钮。

STEP3：其他的堵头参照以上的方法创建。创建好的堵头如图 11-114 所示。

注意：堵头直径要比水道直径大 2mm，这样才能保证不漏水。

（5）创建动模板宽度方向水道。

STEP1：按 Ctrl+L 组合键，弹出"图层设置"对话框，把图层 7 关闭。

STEP2：参照型芯水道的创建方法创建动模板宽度方向的两条水道，水道长设置为 65，坐标参数分别设置为 20、-15、0 和-20、-15、0。动模板宽度方向水道如图 11-115 所示。

（6）创建动模板竖直方向水道。

参照上述水道的创建方法创建动模板竖直方向的两条水道，水道长设置为 30，坐标参数分别设置为 70、-20、0 和 70、20、0。动模板竖直方向水道如图 11-116 所示。

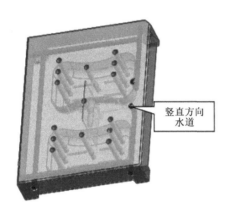

图 11-111　型芯竖直方向水道

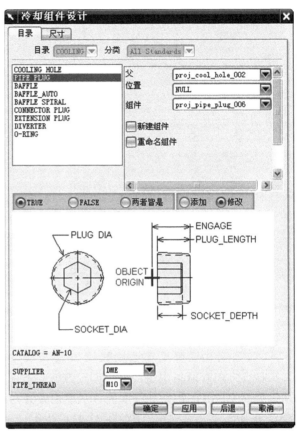

图 11-112　"冷却组件设计"对话框

```
SUPPLIER = DME
PIPE_THREAD = M10
MATERIAL = BRASS
CATALOG = AN-10
PLUG_DIA = <UM_VAR>::COOLIN
PLUG_LENGTH = 10
SOCKET_DIA = <UM_VAR>::COOL
SOCKET_DEPTH = <UM_VAR>::CO
ENGAGE = 10
```

图 11-113　修改堵头长度

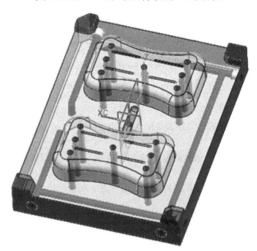

图 11-114　创建好的堵头

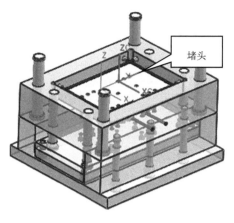

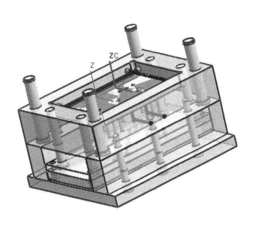

图 11-115　动模板宽度方向水道　　　　　　　图 11-116　动模板竖直方向水道

（7）添加 O 形环。

STEP1：单击 按钮，弹出"冷却组件设计"对话框，在绘图区域选择动模板竖直方向的一条长的水道，水道类型选择"O-RING"，在"SECTION_DIA"下拉列表中选择"2"选项，在"ID"下拉列表中选择"10"选项，其他参数不变（见图 11-117），单击"应用"按钮。

STEP2：选择竖直方向上的另一条水道，单击"确定"按钮，完成 O 形环的创建，如图 11-118 所示。

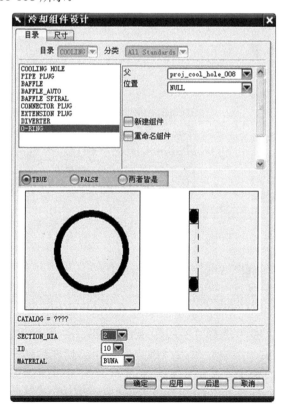

图 11-117　"冷却组件设计"对话框　　　　　　　图 11-118　创建的 O 形环

（8）添加喉塞。

喉塞用于连接模具上的水道与水管，其创建过程如下。

STEP1：单击 ![]按钮，弹出"冷却组件设计"对话框。

STEP2：在绘图区域选择动模板宽度方向的一条长的水道，水道类型选择
"CONNECTOR PLUG"，在"PIPE_THREAD"下拉列表中选择"M10"选项，在
"FLOW_DIA"下拉列表中选择"6"选项，如图11-119所示。

STEP3：单击"确定"按钮，创建好的喉塞如图11-120所示。

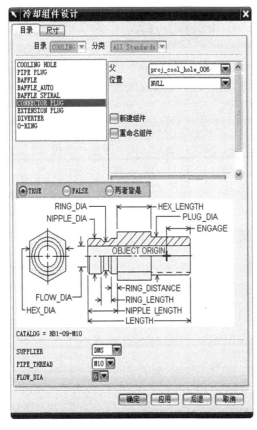

图11-119　"冷却组件设计"对话框

图11-120　创建好的喉塞

（9）切减冷却水道避空机构。

STEP1：按Ctrl+L组合键，弹出"图层设置"对话框，把图层7打开。

STEP2：单击 ![]按钮，弹出"腔体"对话框，"工具类型"选择"部件"，选择型芯、动模板作为切减目标体，按鼠标中键确定，选中所有的水道，单击"应用"按钮。

STEP3：在"腔体"对话框中，"工具类型"选择"实线"，选择型芯、动模板作为切减目标体，按鼠标中键确定，选中所有的堵头、喉塞，单击"确定"按钮。切减后的型芯如图11-121所示，切减后的动模板如图11-122所示。

（10）创建定模侧冷却水道。

图11-123所示为定模侧水道布置图。由于定模侧成型产品的外观面质量要求比较高，对冷却的要求也比较高，因此定模侧要设计两条水道。定模侧的水道创建方法这里不再阐述，

可以参照动模侧水道的创建方法（建议定位坐标采用绝对坐标）创建。图 11-124 所示为型腔水道布置图，图 11-125 所示为定模板水道布置图。

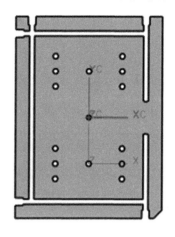

图 11-121　切减后的型芯

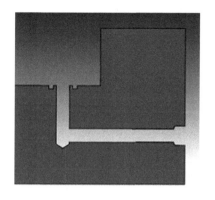

图 11-122　切减后的动模板

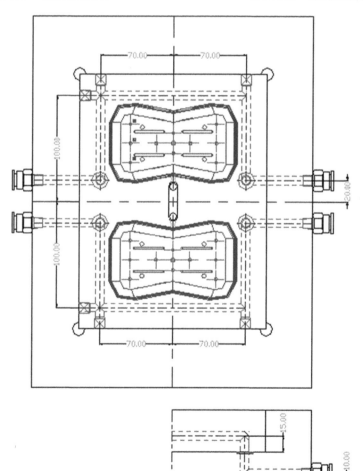

图 11-123　定模侧水道布置图

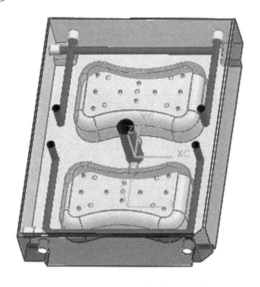

图 11-124　型腔水道布置图

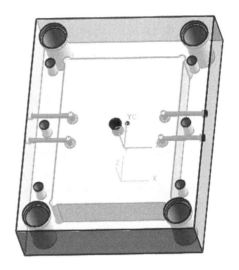

图 11-125　定模板水道布置图

6. 辅助标准件的调用

（1）创建型芯固定螺钉。

STEP1：通过"装配导航器"及图层管理的操作，只显示型芯。

STEP2：单击"标准件"按钮，弹出"标准件管理"对话框，在"目录"下拉列表中选择"DME_MM"选项，在"分类"下拉列表中选择"Screws"选项。

STEP3：在"SIZE"下拉列表中选择"8"选项，在"ORIGIN_TYPE"下拉列表中选择"3"选项，在LENGTH下拉列表中选择"50"选项，其他选项按系统默认设置，如图11-126所示。

STEP4：单击"尺寸"选项卡，设置螺钉相关参数，如图11-127所示，其他参数按系统默认设置。

STEP5：单击"应用"按钮，弹出"选择一个面"提示框（见图11-128），选择型芯底面。

STEP6：弹出"点"对话框，输入如图11-129所示的坐标值（相对于WCS），按F8功能键放平型芯（可以更清楚地看见螺钉的位置点），单击"确定"按钮。

STEP7：弹出"位置"对话框（见图 11-130），单击"确定"按钮，系统自动返回"点"对话框，坐标参数设置为81、111、0，单击"确定"按钮。

STEP8：参照STEP7完成其他螺钉的创建。其他螺钉的坐标参数分别设置为81、–111、0，–81、–111、0，–81、0、0和81、0、0。

固定螺钉创建完成后的型芯如图11-131所示。

（2）创建型腔固定螺钉。

型腔固定螺钉的创建方法与型芯固定螺钉的创建方法是一样的，坐标位置可以与型芯固定螺钉的一样。螺钉的参数设置如图 11-132 所示。固定螺钉创建完成后的型腔如图 11-133所示。

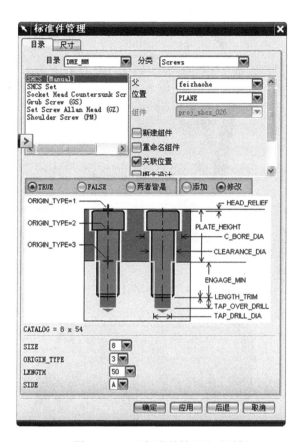

图 11-126 "标准件管理"对话框

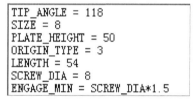

图 11-127 设置螺钉相关参数

图 11-128 "选择一个面"提示框

图 11-129 "点"对话框

图 11-130　"位置"对话框

图 11-131　固定螺钉创建完成后的型芯

```
SIZE = 8
PLATE_HEIGHT = 20
ORIGIN_TYPE = 3
LENGTH = 24
SCREW_DIA = 8
ENGAGE_MIN = SCREW_DIA*1.5
```

图 11-132　螺钉参数设置

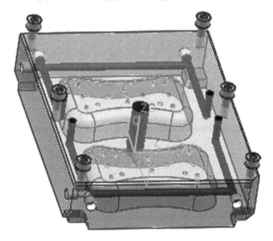

图 11-133　固定螺钉创建完成后的型腔

（3）创建固定螺钉的避空位。

STEP1：通过"装配导航器"及图层管理的操作，只显示型芯、型腔、动模板、定模板及固定螺钉。

STEP2：单击 按钮，弹出"腔体"对话框，"工具类型"选择"部件"，选择型芯、型腔、动模板、定模板作为切减目标体，按鼠标中键确定，选择所有的固定螺钉，单击"确定"按钮。固定螺钉的避空位创建完成后各零件的状态如图 11-134 所示。

（4）创建垃圾钉。

垃圾钉可以固定在顶出板上，也可以固定在动模固定板上。本例中的垃圾钉固定在顶出板上，其厚度为5mm，创建的数量应根据模具大小而定，本例中创建了6颗垃圾钉，其作用是减少顶出板与动模固定板的大面积接触，具体创建过程如下。

STEP1：单击"标准件"按钮，弹出"标准件管理"对话框，在"目录"下拉列表中选择"FUTABA_MM"选项，在"分类"下拉列表选择"Stop Bottons"选项，选择"Stop Pad（M-STR）"选项，在"DIAMETER"下拉列表中选择"25"选项，其他参数按系统默认设置，如图 11-135 所示。

STEP2：单击"确定"按钮。

STEP3：弹出"选择一个面"提示框（见图 11-136），选择顶针底板的底面作为放置平面。

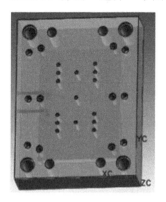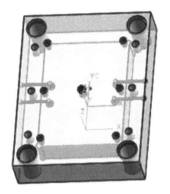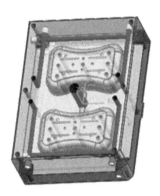

图 11-134　固定螺钉的避空位创建完成后各零件的状态

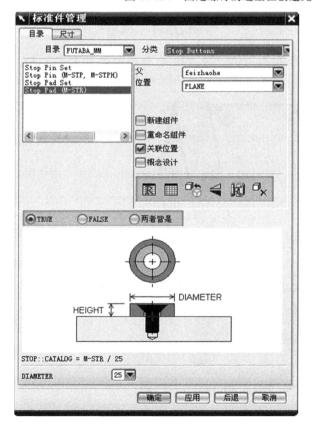

图 11-135　"标准件管理"对话框

图 11-136　"选择一个面"提示框

STEP4：弹出"点"对话框，坐标参数设置为 57、145、0（见图 11-137），单击"确定"按钮。

STEP5：弹出"位置"对话框（见图 11-138），单击"确定"按钮，系统自动返回"点"对话框，坐标参数设置为-57、145、0，单击"确定"按钮。

图 11-137　"点"对话框　　　　　　　　　图 11-138　"位置"对话框

STEP6：参照 STEP5 完成其他螺钉的创建。其他螺钉的坐标参数设置为-57、-145、0，-57、145、0，-57、0、0 和 57、0、0。创建好的垃圾钉如图 11-139 所示。

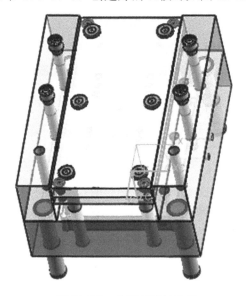

图 11-139　创建好的垃圾钉

注意：不管垃圾钉的数量有多少，其中 4 颗必须位于顶针复位杆的正下方，这样才能保证顶出板在复位杆的复位压力作用下不容易变形，其他垃圾钉可以根据顶出板的空间合理、均匀地布置。

（5）创建复位弹簧。

STEP1：单击"标准件"按钮，弹出"标准件管理"对话框，在"目录"下拉列表中选择"FUTABA_MM"选项，在"分类"下拉列表选择"Springs"选项，选择"Spring [M-FSB]"选项，在"DIAMETER"下拉列表中选择"39.5"选项，在"CATALOG_LENGTH"下拉列表中选择"80"选项，其他参数按系统默认设置（见图 11-140），单击"确定"按钮。

STEP2：弹出"选择一个面"提示框，选择顶针面板上表面。

STEP3：弹出"点"对话框，坐标参数设置为 57、145、0（见图 11-141），单击"确定"按钮。

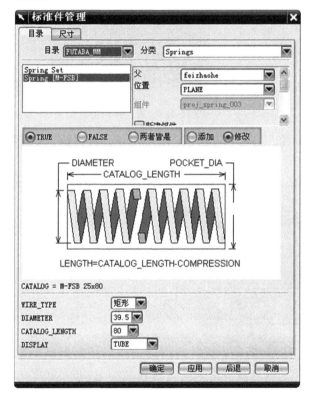

图 11-140 "标准件管理"对话框　　　　　图 11-141 "点"对话框

STEP4：弹出"位置"对话框，单击"确定"按钮。

STEP5：参照上述步骤创建其他 3 个复位弹簧，它们的坐标参数分别设置为-57、145、0，57、-145、0 和-57、-145、0。创建好的复位弹簧如图 11-142 所示。

（6）创建复位弹簧的避空位。

STEP1：通过"装配导航器"及图层管理的操作，只显示动模部分。

STEP2：单击 按钮，弹出"腔体"对话框，"工具类型"选择"部件"，选择动模板作为切减目标体，按鼠标中键确定，选择所有的复位弹簧，单击"确定"按钮。复位弹簧的避空位如图 11-143 所示。

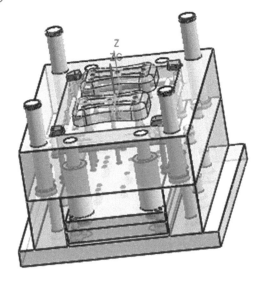

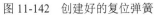

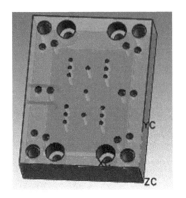

图 11-142　创建好的复位弹簧　　　　　　　　图 11-143　复位弹簧的避空位

　　小结：至此整套模具结构已经设计完成，如图 11-144 所示。本实例详细讲解了一套简单模具的全 3D 化设计流程，其中出散件图由于篇幅限制没有详述。

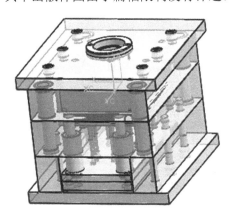

图 11-144　设计完成后的模具组立图

附录 A 常用模具标准件

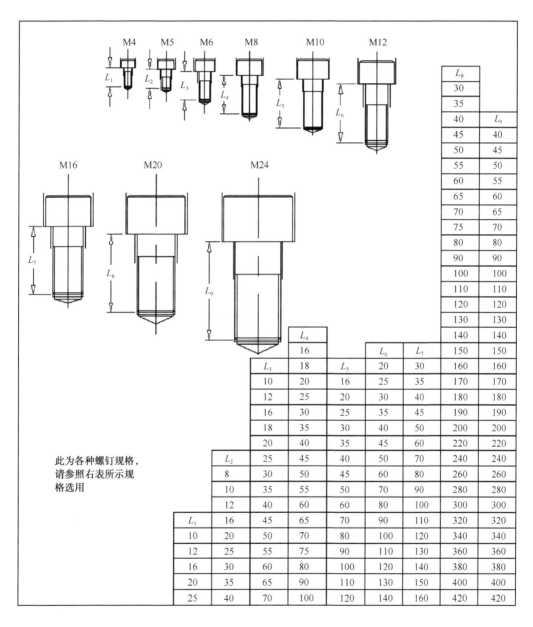

此为各种螺钉规格，请参照右表所示规格选用

L_1	L_2	L_3	L_4	L_5	L_6	L_7	L_8	L_9
			16				30	
			18		20	30	35	
		10	20	16	25	35	40	40
		12	25	20	30	40	45	45
		16	30	25	35	45	50	50
		18	35	30	40	50	55	55
		20	40	35	45	60	60	60
	8	25	45	40	50	70	65	65
	10	30	50	45	60	80	70	70
	12	35	55	50	70	90	75	80
	16	40	60	60	80	100	80	90
10	20	45	65	70	90	110	90	100
12	25	50	70	80	100	120	100	110
16	30	55	75	90	110	130	110	120
20	35	60	80	100	120	140	120	130
25	40	65	90	110	130	150	130	140
		70	100	120	140	160	140	150
							150	160
							160	170
							170	180
							180	190
							190	200
							200	220
							220	240
							240	260
							260	280
							280	300
							300	320
							320	340
							340	360
							360	380
							380	400
							400	420
							420	

图 A-1 各种螺钉规格

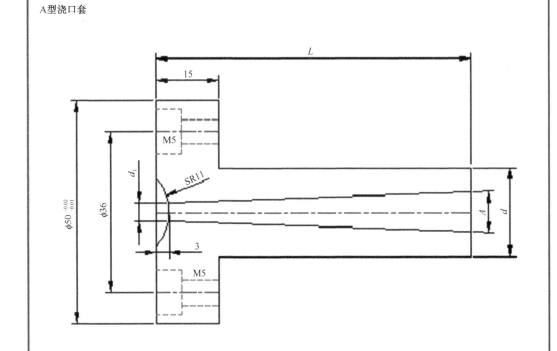

A型浇口套

技术要求：

1. 热处理：嘴部45～50HRC。

2. 其他要求按GB 8846—88。

d/mm	d_1/mm	A/mm	L/mm
12	2.5，3.0，3.5		
16	3.0，3.5，4.0，4.5	2° 或 3°	
20	3.5，4.0，4.5，5.0		50～120每隔10一挡
25	4.0，4.5，5.0，5.5		

图 A-2　A 型浇口套

B型浇口套

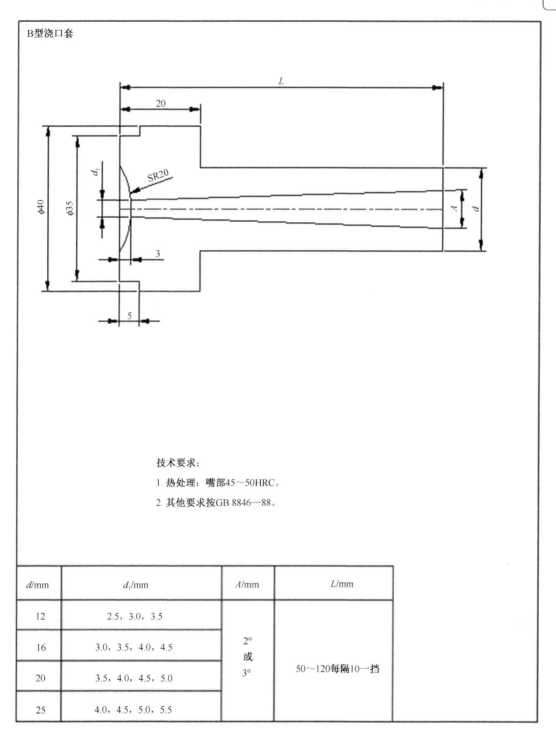

技术要求：

1. 热处理：嘴部45～50HRC。

2. 其他要求按GB 8846—88。

d/mm	d_1/mm	A/mm	L/mm
12	2.5，3.0，3.5	2° 或 3°	50～120每隔10一挡
16	3.0，3.5，4.0，4.5		
20	3.5，4.0，4.5，5.0		
25	4.0，4.5，5.0，5.5		

图 A-3 B型浇口套

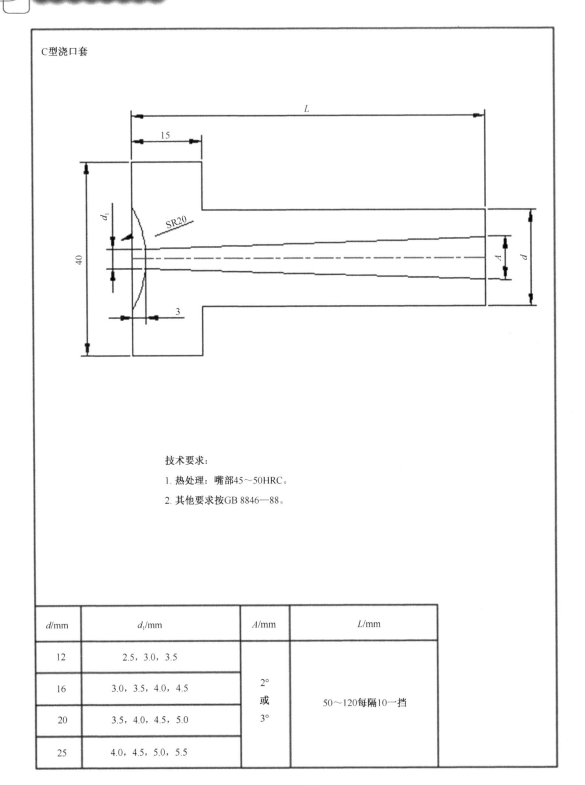

C型浇口套

技术要求：

1. 热处理：嘴部45～50HRC。

2. 其他要求按GB 8846—88。

d/mm	d_1/mm	A/mm	L/mm
12	2.5，3.0，3.5		
16	3.0，3.5，4.0，4.5	2°	
20	3.5，4.0，4.5，5.0	或 3°	50～120每隔10一挡
25	4.0，4.5，5.0，5.5		

图 A-4　C型浇口套

普通顶针

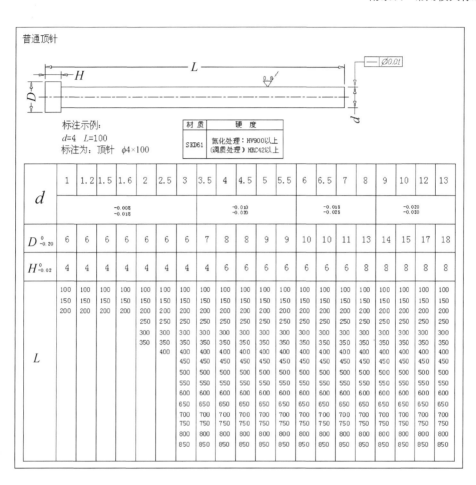

标注示例：
$d=4$　$L=100$
标注为：顶针　$\phi 4 \times 100$

材质	硬度
SKD61	氮化处理：HV900以上 (调质处理) HRC42以上

d	1	1.2	1.5	1.6	2	2.5	3	3.5	4	4.5	5	5.5	6	6.5	7	8	9	10	12	13
	$-0.008 \atop -0.018$							$-0.010 \atop -0.020$					$-0.015 \atop -0.025$				$-0.020 \atop -0.030$			
$D_{-0.20}^{0}$	6	6	6	6	6	6	6	7	8	8	9	9	10	10	11	13	14	15	17	18
$H_{-0.02}^{0}$	4	4	4	4	4	4	4	4	6	6	6	6	6	6	6	8	8	8	8	8
L	100,150,200	100,150,200	100,150,200	100,150,200	100,150,200,250,300,350	100,150,200,250,300,350,400	100,150,200,250,300,350,400,450,500,550,600,650,700,750,800,850	100,150,200,250,300,350,400,450,500,550,600,650,700,750,800,850	100,150,200,250,300,350,400,450,500,550,600,650,700,750,800,850	100,150,200,250,300,350,400,450,500,550,600,650,700,750,800,850	100,150,200,250,300,350,400,450,500,550,600,650,700,750,800,850	100,150,200,250,300,350,400,450,500,550,600,650,700,750,800,850	100,150,200,250,300,350,400,450,500,550,600,650,700,750,800,850	100,150,200,250,300,350,400,450,500,550,600,650,700,750,800,850	100,150,200,250,300,350,400,450,500,550,600,650,700,750,800,850	100,150,200,250,300,350,400,450,500,550,600,650,700,750,800,850	100,150,200,250,300,350,400,450,500,550,600,650,700,750,800,850	100,150,200,250,300,350,400,450,500,550,600,650,700,750,800,850	100,150,200,250,300,350,400,450,500,550,600,650,700,750,800,850	100,150,200,250,300,350,400,450,500,550,600,650,700,750,800,850

图 A-5　普通顶针

有托顶针

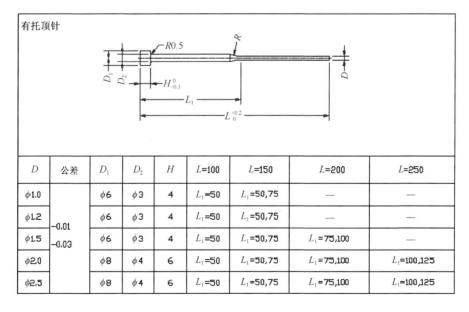

D	公差	D_1	D_2	H	$L=100$	$L=150$	$L=200$	$L=250$
$\phi 1.0$		$\phi 6$	$\phi 3$	4	$L_1=50$	$L_1=50,75$	—	—
$\phi 1.2$	$-0.01 \atop -0.03$	$\phi 6$	$\phi 3$	4	$L_1=50$	$L_1=50,75$	—	—
$\phi 1.5$		$\phi 6$	$\phi 3$	4	$L_1=50$	$L_1=50,75$	$L_1=75,100$	—
$\phi 2.0$		$\phi 8$	$\phi 4$	6	$L_1=50$	$L_1=50,75$	$L_1=75,100$	$L_1=100,125$
$\phi 2.5$		$\phi 8$	$\phi 4$	6	$L_1=50$	$L_1=50,75$	$L_1=75,100$	$L_1=100,125$

图 A-6　有托顶针

扁顶针

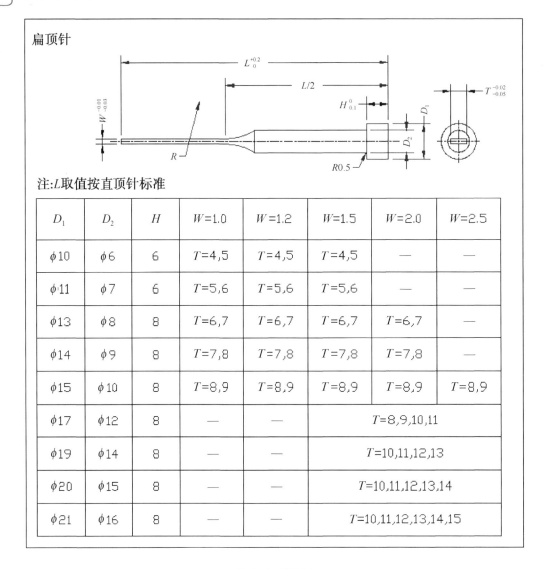

注:L取值按直顶针标准

D_1	D_2	H	W=1.0	W=1.2	W=1.5	W=2.0	W=2.5
ϕ10	ϕ6	6	T=4,5	T=4,5	T=4,5	—	—
ϕ11	ϕ7	6	T=5,6	T=5,6	T=5,6	—	—
ϕ13	ϕ8	8	T=6,7	T=6,7	T=6,7	T=6,7	—
ϕ14	ϕ9	8	T=7,8	T=7,8	T=7,8	T=7,8	—
ϕ15	ϕ10	8	T=8,9	T=8,9	T=8,9	T=8,9	T=8,9
ϕ17	ϕ12	8	—	—	T=8,9,10,11		
ϕ19	ϕ14	8	—	—	T=10,11,12,13		
ϕ20	ϕ15	8	—	—	T=10,11,12,13,14		
ϕ21	ϕ16	8	—	—	T=10,11,12,13,14,15		

图 A-7　扁顶针

附录 B 不同塑料所用钢材参考

表 B-1 不同塑料所用钢材参考

中 文 名 称	英 文 名 称	收缩率/%	钢 材 选 用
聚乙烯	PE	2.0	定模 718H，动模 738H
聚丙烯	PP	1.6	定模 718H，动模 738H
聚丙烯（透明）	PP（透明）	1.6	定模 718H，动模 738H
通用聚苯乙烯	GPPS	0.5	定模 718H，动模 738H
高冲击聚苯乙烯	HIPS	0.5	定模 718H，动模 738H
聚甲基丙烯酸甲酯	PMMA	0.5	定模 136H，动模 136H
聚甲醛	POM	1.8	定模 136H，动模 136H
聚甲酸酯	PC	0.5	定模 718H，动模 738H
聚甲酸酯（透明）	PC（透明）	0.5	定模 136H，动模 136H
烯-丁二烯-丙烯腈共聚物	ABS	0.5	定模 718H，动模 738H
尼龙	PA	1.8	定模 136H，动模 136H
尼龙+30%玻钎	PA+30%GF	0.5	定模 136H，动模 136H
聚氯乙烯	PVC	2.0	定模 136H，动模 136H
苯乙烯-丙烯腈共聚物	AS（SAN）	0.5	定模 136H，动模 136H
电木	PF	0.8	定模 8407H，动模 8407H

附录 C 常见产品缺陷及其产生原因

1. 短射

短射是指由于模具型腔填充不完全而造成的产品不完整的质量缺陷，即熔体在完成填充之前就已经凝结了。

1）产生原因

（1）浇注系统设计不合理，导致熔体流动受到限制，流道过早凝结。

（2）发生滞流，或流程过长，过于复杂。

（3）模具温度或熔体温度过低，降低了熔体的流动性，导致填充不完全。

（4）成型材料不足、注塑机注塑量不足或螺杆转速过低。

（5）注塑机缺陷、入料堵塞或螺杆前端缺料等，都会造成压力损失和成型材料体积不足，从而形成短射。

2）解决方案

（1）避免熔体滞流现象产生。

（2）尽量消除气穴，将气穴放置在容易排气的位置或利用顶杆排气。

（3）增加模具温度和熔体温度。

（4）增加螺杆转速，以产生更多的剪切热，降低熔体黏性，增加熔体流动性。

（5）改进产品设计，平衡流道，尽量减小产品的厚度差异，减小流程的复杂程度。

（6）更换成型材料，选用具有较小黏性的材料。材料黏性小，易于填充，同时可降低注塑压力。

（7）增加注塑压力。

2. 气穴

气穴是指由于熔体前沿汇聚而在产品内部或表层形成气泡。气穴的出现有可能导致短射的形成，造成填充不完全和保压不充分，导致最终产品的表面产生瑕疵，甚至可能由于气体压缩产生热量而出现焦痕。

1）产生原因

（1）发生滞流。

（2）熔体流动不平衡，即使产品厚度均匀，各个方向上的流长也不一定相同。

（3）排气不充分，在产品最后填充区域没有排气口或排气口不足。

（4）发生跑道效应。

2）解决方案

（1）使熔体流动平衡。

（2）避免发生滞流和跑道效应，修改浇注系统，使最后填充区域位于易排气的位置。

（3）排气充分，将气穴放置在容易排气的位置或利用顶杆排气。

3. 熔接痕和熔接线

当两个或多个流动前沿融合时，会形成熔接痕或熔接线。两者的区别在于融合流动前沿夹角的大小不同。

熔接线位置上的分子趋向变化强烈，因此该位置的机械强度明显减小。熔接痕比熔接线的机械强度大，视觉上也不如熔接线明显。熔接痕和熔接线出现的部位还有可能出现凹陷、色差等质量缺陷。

1）产生原因

由于产品的几何形状，在填充过程中出现两个或两个以上流动前沿，它们融合时易形成熔接痕或熔接线。

2）解决方案

（1）增加模具温度和熔体温度，使两个相遇的流动前沿融合得更好。

（2）增加螺杆转速。

（3）改进浇注系统的设计，在保持熔体流动速率的前提下减小流道尺寸，以产生摩擦热。

（4）如果不能消除熔接线和熔接痕，那么应使其位于产品上较不敏感的区域，以防止影响产品的机械性能和表面质量。改变浇口位置和产品壁厚都可改变熔接痕和熔接线位置。

（5）在重要熔接痕位置上方设立热流道，提高该处流动前沿融合时的温度，从而消除熔接痕。

4. 滞流

滞流是指某个熔体流动路径上的流动变缓甚至停止。

1）产生原因

（1）产品的壁厚有差异。如果熔体流动路径上的壁厚有差异，熔体就会先选择阻力较小的壁厚区域填充，这会造成薄壁区域填充缓慢或停止填充。

（2）滞流通常出现在筋、产品上与其他区域存在较大壁厚差异的薄壁区域。滞流使产品表面发生变化，导致保压效果差、高应力和分子趋向不均匀，降低产品质量。如果滞流的流动前沿完全冷却，那么成型缺陷就由滞流变为短射。

2）解决方案

（1）浇口位置远离可能发生滞流的区域，尽量使容易发生滞流的区域成为最后填充区域。

（2）增加容易发生滞流区域的壁厚，从而减小其对熔体流动的阻力。

（3）选用黏度较小的成型材料。

（4）提高注塑速率，以减少滞流时间。

（5）提高熔体温度，使熔体更容易进入滞流区域。

5. 飞边

飞边主要是指在分型面或顶杆部位从模具型腔溢出的薄层材料。飞边仍然和产品相连，通常需要手工清除。

1）产生原因

（1）模具分型面闭合性差，模具变形或存在阻塞物。

（2）锁模力过小。锁模力必须大于模具型腔内的压力，以有效保证模具闭合。

（3）过保压。

（4）成型条件有待优化，如成型材料黏度、注塑速率、浇注系统的设计等。

（5）排气位置不当。

2）解决方案

（1）确保模具分型面能很好地闭合。

（2）避免保压过度。

（3）选择具有较大锁模力的注塑机。

（4）设置合适的排气位置。

（5）优化成型条件。

6. 跑道效应

跑道效应是指在产品薄壁区域填充满之前熔体已经完成了对厚壁区域的填充。

1）产生原因

熔体流动不平衡，易产生气穴和熔接痕。

2）解决方案

壁厚的差异有时是无法避免的，应尽量使模具型腔内的熔体流动平衡。可改变浇口位置或采用多点进浇的浇注系统以实现熔体流动平衡。

7. 过保压

过保压是指当一个流程还在进行填充时，另一个流程已经开始压实过多的填充材料。

1）产生原因

当产品最易填充满的区域完成填充后，这个区域就会出现过保压现象。此时，由于其他区域还未完成填充，注塑压力会继续将熔体向这个已经填满的区域推进，从而形成高密度、高压应力区域，形成过保压的主要原因是熔体流动不平衡。

2）解决方案

（1）使熔体流动平衡。

（2）选择适当的浇口位置使各个方向的流长尽量相等。

（3）去掉不必要的浇口。

8. 色差

色差是指由于成型材料颜色发生变化而出现的产品色彩缺陷。

1）产生原因

材料的降解。过高的注塑速率、过高的熔体温度及不合理的螺杆和浇注系统设计都会引起材料的降解。

2）解决方案

（1）优化浇注系统的设计。

（2）修改螺杆设计。

（3）选用较小注塑量的注塑机。

（4）优化熔体温度。

（5）优化背压、螺杆转速和注塑速率。

（6）设置合理的排气位置。

9. 喷射

当熔体以高注射速率经过流动受限的区域（如喷嘴、浇口）进入面积较大的厚壁型腔时，会形成蛇形喷射流。

1）产生原因

（1）螺杆转速过高。

（2）浇口位置不合理，熔体与模具接触性差。

（3）浇注系统的设计不合理。

2）解决方案

（1）优化浇注系统的设计，改变浇口类型，以降低熔体剪切速率和剪切应力。

（2）优化螺杆转速。

10. 不平衡流动

不平衡流动是指在其他流程还未完成之前，某些流程已经完成。平衡流动是指模具末端在同一时间完成填充。

1）产生原因

流动不平衡及产品壁厚差异都可能导致不平衡流动。不平衡流动可能导致产生许多成型问题，如飞边、短射、产品密度不均匀、气穴和产生过多熔接线等。

2）解决方案

（1）增加或减小区域壁厚，以增强或减缓某个方向上的熔体流动，从而实现平衡流动。

（2）优化浇口位置。

总结：由于塑料成型过程中各个参数之间会相互影响，因此单纯解决一种成型问题有可能会引发其他的成型问题，所以在解决成型问题时应该兼顾成型质量整体的优劣。

附录 D 常用热塑性塑料的介绍

表 D-1 常用热塑性塑料的介绍

名称	密度/(kg/cm³)	特　性	用　途	缩水率/%
ABS	1.02～1.16	耐冲击，引张强度和刚性都很高，这些性质在低温条件下也不会改变。另外，有优越的耐热性能、耐化学腐蚀性能，尺寸稳定，加工容易，并且价格便宜	电器零件、收音机外壳、吸尘器零件等	0.3～0.8
PS	1.04～1.06	无色透明，硬而稍脆，防水性好，电气绝缘性非常优越，不受酸和强碱侵蚀，但对有机溶剂缺乏耐力，耐热性不太好。此外，成型性非常好，可自由着色	餐桌用品、商品容器、玩具、水果盘、牙刷、肥皂盒等	0.2～1.0
PE	0.91～0.93	乳白色至半透明或透明，比水轻，柔软，防水性、电气绝缘性、耐酸性都非常好。对大多数药品稳定，易成型。但是耐热性不好，化学性能不活泼，易导致印刷性差、结合牢度低	各种瓶子、渔网、粗绳、切菜板、垃圾箱、胶膜等	0.5～2.5
PC	1.02	淡黄色至透明，强度高，耐冲击。这些性质可与金属材料相比较，且不会因温度变化而有太大变化。抗紫外线，在 220～230℃下才能软化熔融，黏度也大，故成型较难，需高温、高压条件	安全帽及各种机械零件、计量器外壳等	0.4～0.7
PA	1.13～1.15	强韧、表面油滑且耐磨，吸振性强、耐热、耐寒，在高温、低温下都可稳定使用，耐药品，一般都容易吸湿，但尺寸与强度会因此有较大变化	收音机、复印机、溜冰鞋底、刷子毛、梳子、枪壳等	0.6～2.5
PP	0.9～0.91	耐热性和强度都很高，是最轻的塑料。透明性好，抗冲击强度与表面硬度都很高，但是在低温时不耐冲击，不耐紫外线	渔网、粗绳、水桶、管类、滤布、胶膜等	1.0～2.5
PMMA	1.17～1.20	与 PS 一样是透明的，耐候性好，较难割伤，可制成板状的有机玻璃，可加热弯曲成曲面，也可着色	汽车零件、照明罩、光学透镜、假牙、隐形眼镜等	0.2～0.8
PVC	软 1.16～1.35	强度、电气绝缘性、耐药品性、加可塑剂软化性、耐热性都不是很好	桌布、包装膜、手提包、化学鞋等	1.5～3.0
	硬 1.35～1.45		招牌、电器零件、耐药品器具等	0.6～1.5

注：以上数据仅供参考；热固性塑料并未列出，可参考相关资料。

附录 E　常用模具术语汇总

唧嘴——浇口衬套

法兰——定位环

扶针——回针

垃圾钉——顶出板止停销

杯头螺钉——内六角沉孔螺钉

前模——A 模或定模

后模——B 模或动模

行位——滑块

钶——镶在动模上的芯子（或称为模仁）

锣床——铣床

锣床批土——铣床虎口钳

磨床批土——磨床打直角虎口钳

匙把捌——活钳或开口扳手

牙嗒——丝攻

坑手——攻牙用的扳手

机转——铁圆规

奔子——磨成尖头用于敲击划线相交定位点的工具

止口——夹口美术线，又称遮丑线

啤把——拔模斜度

火箭脚——位于司柱的加强筋

机米螺钉——无头螺钉

斜导柱——斜边

批土——虎口钳

C 形夹——虾公码

钻孔——钻窿

加工中心——电脑锣

环保标志——回收章

细水口——针点浇口

排气槽——逃气道

披锋——毛边

加胶——加料

密封圈——胶圈

中托司——顶出导柱（套）、哥林柱

水口钩针——拉料顶针

插穿（碰穿）——靠破

晒纹——咬花

波子螺钉——定位珠

水口边——细水口或简化型细水口模胚中的一种

零度块——方形辅助器

斜顶——斜方

水塔、水桶——模仁上钻个深孔，中间用铜片隔开，运水一边进一边出来冷却

水喉、水嘴——冷却水接口

铜公——放电用的电极

弹弓——弹簧

入水——进胶点

飞模——合模

放电——打火花

省模、打光——抛光

光刀——CNC 精加工加工模仁，多用于公模

开粗——粗加工，留少许余量

开框——模胚上加工放模仁的位置

穿线孔——线割时用来穿钼丝的孔

加强筋——加强用的骨位

美工线——上下盖装配的中间的间隙（可有效防止错位）

行位——滑块

司筒——套筒

入子——镶件（INSERT）

KO 孔——顶棍孔

司筒针——套筒针

撑头——支撑柱（用于防止 B 板变形）

铲鸡——行位锁紧块

治具——工具

喉嘴——水管头

行位波仔——滑块斜器

水口板——流道板

产品的夹线——分型线

运水——冷却水道

回针——复位顶针

撬模位——用来分开 A、B 板

码模坑——注射时用于固定定、动模

附录 F 模具设计师考题试卷

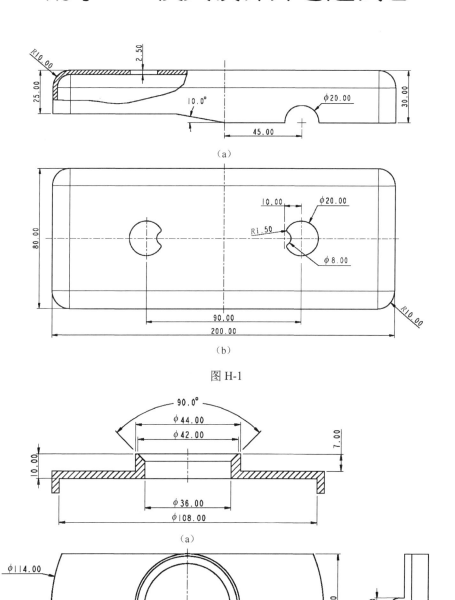

图 H-1

图 H-2

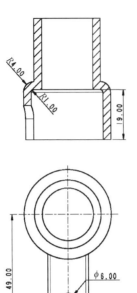

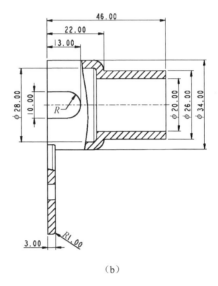

（a）   （b）

图 H-3

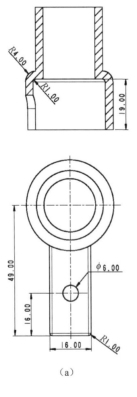

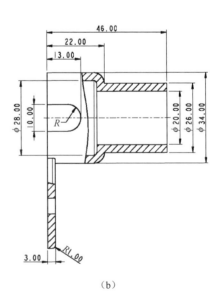

（a）   （b）

图 H-4

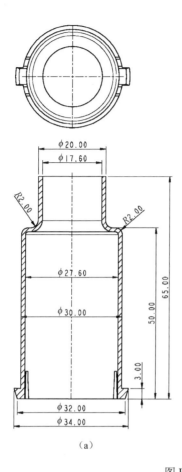

（a）

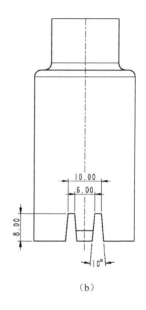

（b）

图 H-5

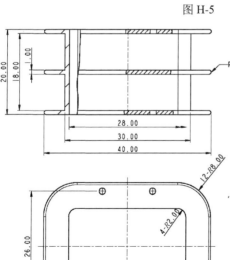

（a）

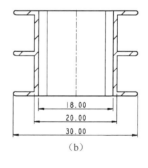

（b）

图 H-6

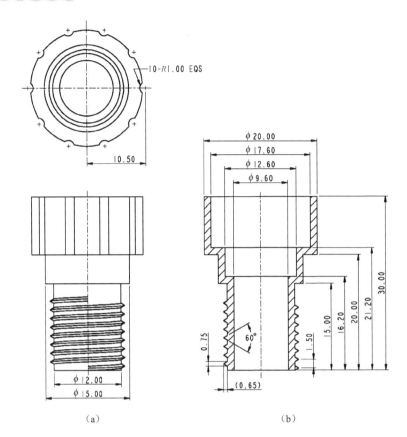

（a）   （b）

图 H-7

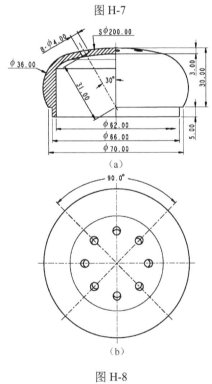

（a）

（b）

图 H-8

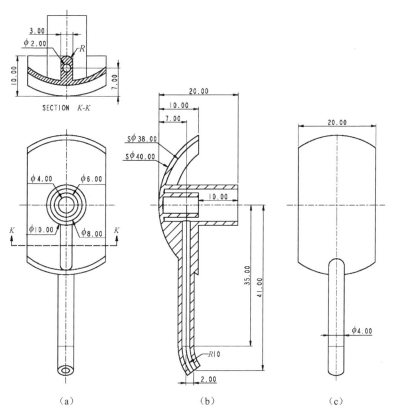

（a）　　　　　　　　　（b）　　　　　　　　　（c）

图 H-9

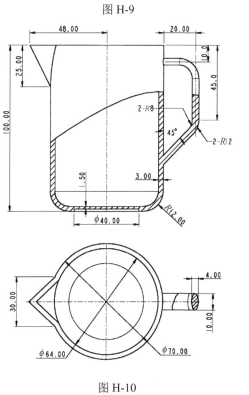

图 H-10

参 考 文 献

[1] 覃鹏翱．图表详解塑料模具设计技巧．北京：电子工业出版社，2010.

[2] 陆宁．实用注塑模具设计．北京：中国轻工业出版社，1997.

[3] 宋满仓．注塑模具设计．北京：电子工业出版社，2010.

[4] 二代龙震工作室．Pro/MOLDESIGN Wildfire 2.0 模具设计．北京：电子工业出版社，2005.

[5] 燕秀模具论坛．百汇模具设计理念与标准，2007-12-31.

[6] 燕秀模具论坛．模具设计培训教程，2011-10-31.

[7] 燕秀模具论坛．荣丰模具设计标准，2008-10-19.

[8] 燕秀模具论坛．昆山亚克设计作业标准书，2008-3-2.

[9] 燕秀模具论坛．东菱凯琴集团模具设计标准，2007-12-27.

[10] 燕秀模具论坛．美的模具设计标准，2007-12-16.

[11] 燕秀模具论坛．倒勾处理的处理技巧，2008-6-4.

[12] 野马科技．精通 AutoCAD 注塑模具结构设计．北京：清华大学出版社，2008.

[13] 李大鑫，张秀棉．模具技术现状与发展趋势综述[J]．模具制造，2005，（2）：1-4.

[14] 单岩，王蓓，王刚．MOLDFLOW 模具分析技术基础．北京：清华大学出版社，2004.

后　记

　　我于 2002 年毕业于南昌航空工业学院材料科学与工程系塑性成型工艺与设备专业，先在广东南海召信集团做工程技术员，后来到杭州富士康集团从事塑料模具设计工作，之后在广东河源西可通信设备有限公司从事注塑模具设计工作，2009 年年底进入河源职业技术学院模具设计与制造专业担任专任教师。

　　我们编写本书的最初目的，或者说最直接的动力，是想让更多的模具初学者从中受益，少走弯路。

　　我在多年的模具教学中，手边一直缺少一套合适的模具设计教材，这套教材应该涵盖基础设计理论、3D 分模及 2D 排位、案例讲解等内容，内容应该循序渐进、简明易懂。但令人遗憾的是，许多传统模具设计教材内容严重落后于工程实际，甚至一些内容介绍的方法和技术在现代模具设计制造中早已不采用了。有些教材所涉及的方面很多，内容庞杂，没有针对性，学生学习完后，感觉很茫然，不知从何处下手。基于这些原因，同时迫于教学的需要，我们在上一版的基础上进行了修订与改编，使得本书内容更充实、丰富，并凝练了相关知识点的思政元素，把课程思政融入课堂，实现思政育人与专业技能同向同行，形成协同效应。本书不是什么理论巨著，也非名家所作，但是它实实在在地讲了一些基础性的东西，而且有一套完整的模具学习理论体系和操作方法，使得初学者有章可循，有道可走。

　　目前，模具 CAD/CAE/CAM 技术的发展日新月异，模具设计方法也在不断更新，我想尽量展现目前模具设计的实际情况，但限于理论水平与实践经验有限，虽勉力为之，但疏漏之处难以避免，敬请广大读者提出宝贵意见。

梁国栋

2021.06